일 **1**	이 **2**	삼 **3**
1	2	3
사 **4**	오 **5**	육 **6**
4	5	6
칠 **7**	팔 **8**	구 **9**
7	8	9

계산 자신감
Numeracy for All

3

계산 자신감
Numeracy for All

2

계산 자신감
Numeracy for All

1

계산 자신감
Numeracy for All

6

계산 자신감
Numeracy for All

5

계산 자신감
Numeracy for All

4

계산 자신감
Numeracy for All

9

계산 자신감
Numeracy for All

8

계산 자신감
Numeracy for All

7

십
10

10

십일
11

11

십이
12

12

십삼
13

13

십사
14

14

십오
15

15

십육
16

16

십칠
17

17

십팔
18

18

계산 자신감
Numeracy for All

12

계산 자신감
Numeracy for All

11

계산 자신감
Numeracy for All

10

계산 자신감
Numeracy for All

15

계산 자신감
Numeracy for All

14

계산 자신감
Numeracy for All

13

계산 자신감
Numeracy for All

18

계산 자신감
Numeracy for All

17

계산 자신감
Numeracy for All

16

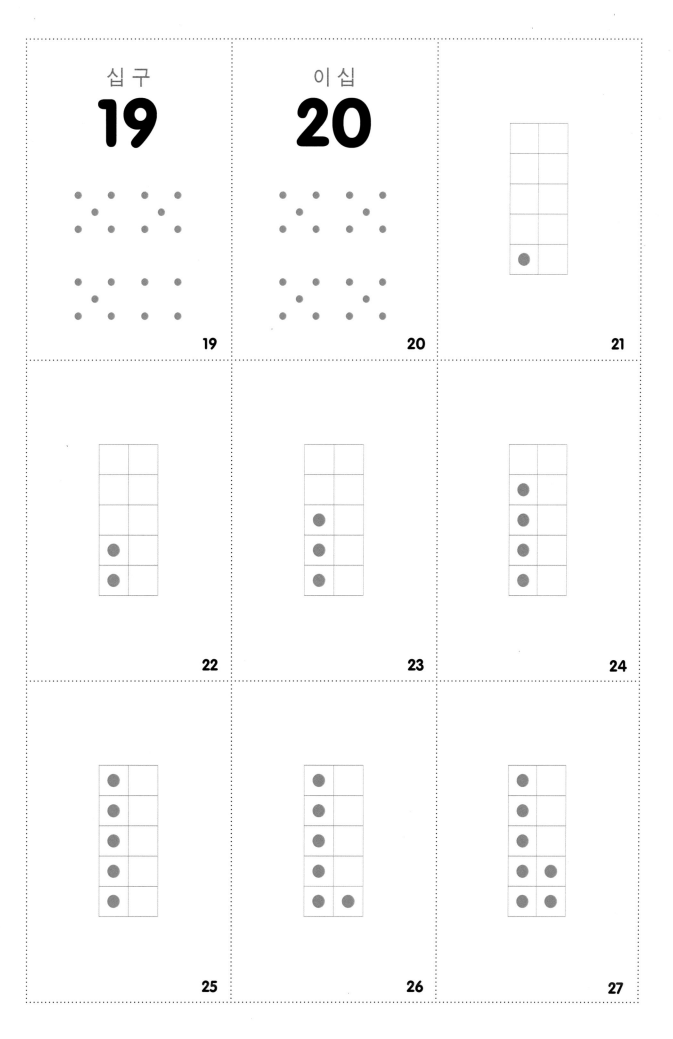

십구
19

이십
20

19

20

21

22

23

24

25

26

27

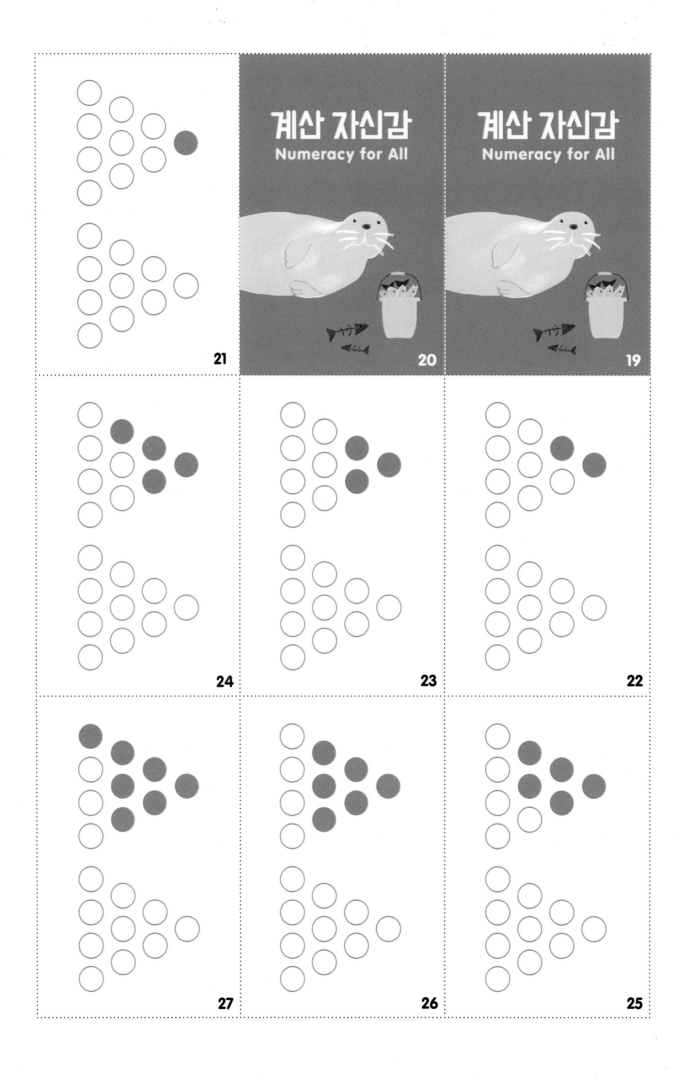

계산 자신감
Numeracy for All

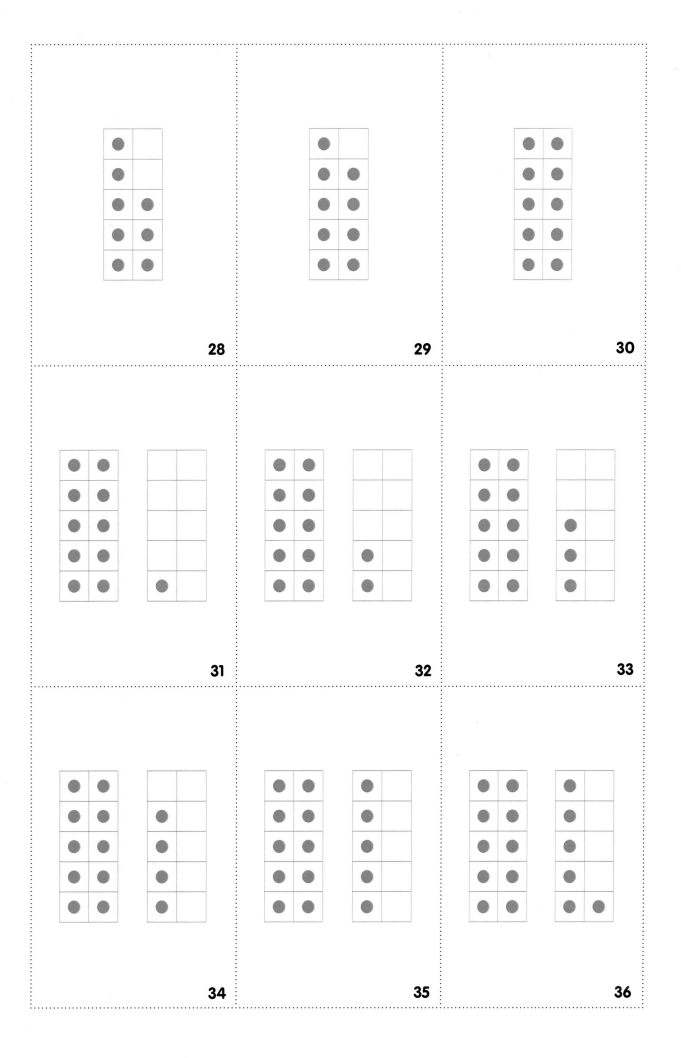

28

29

30

31

32

33

34

35

36

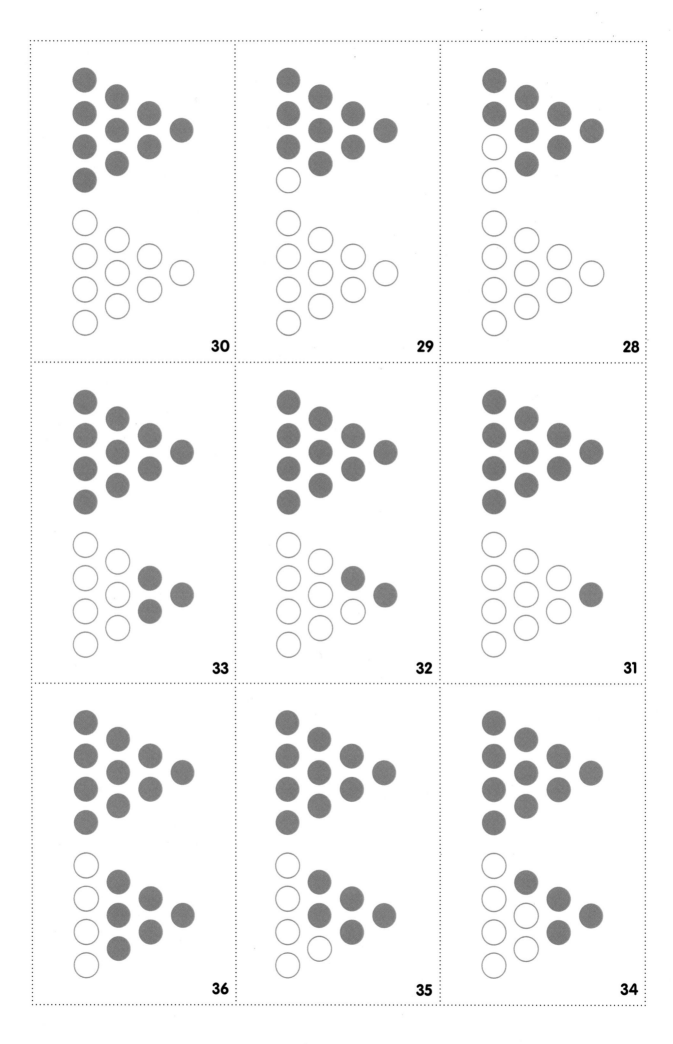

30

29

28

33

32

31

36

35

34

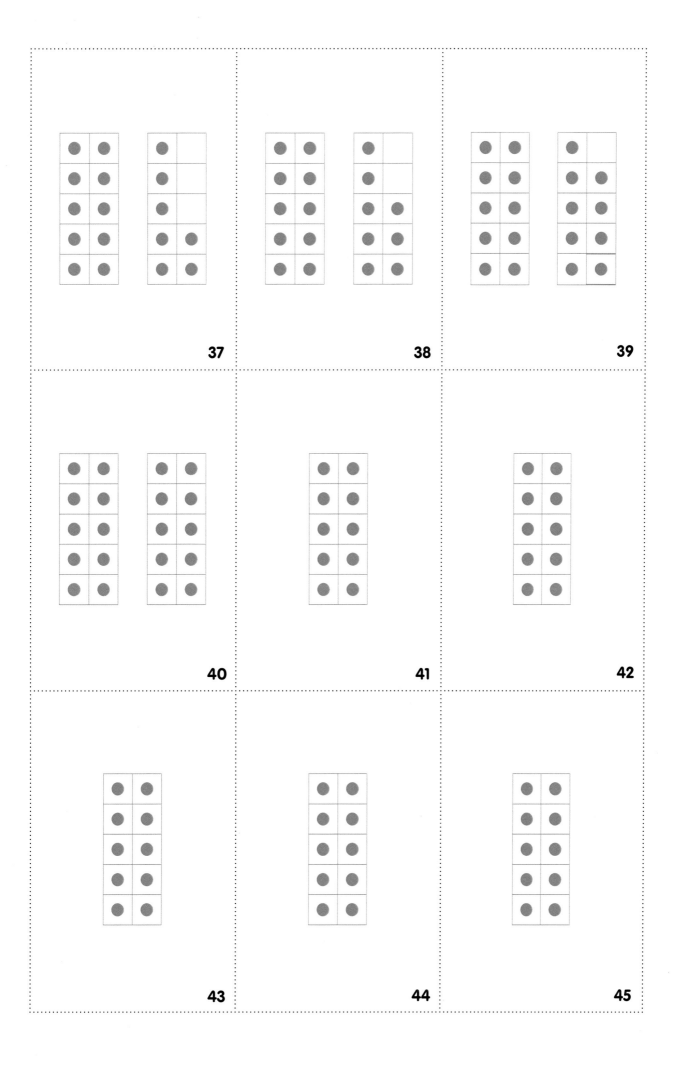

37

38

39

40

41

42

43

44

45

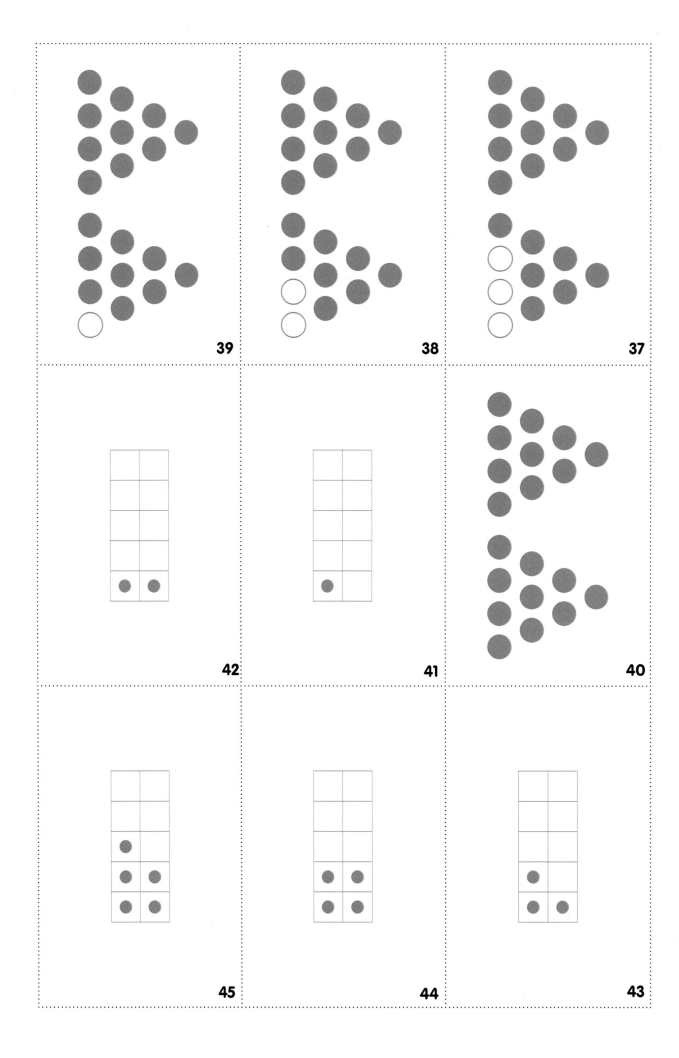

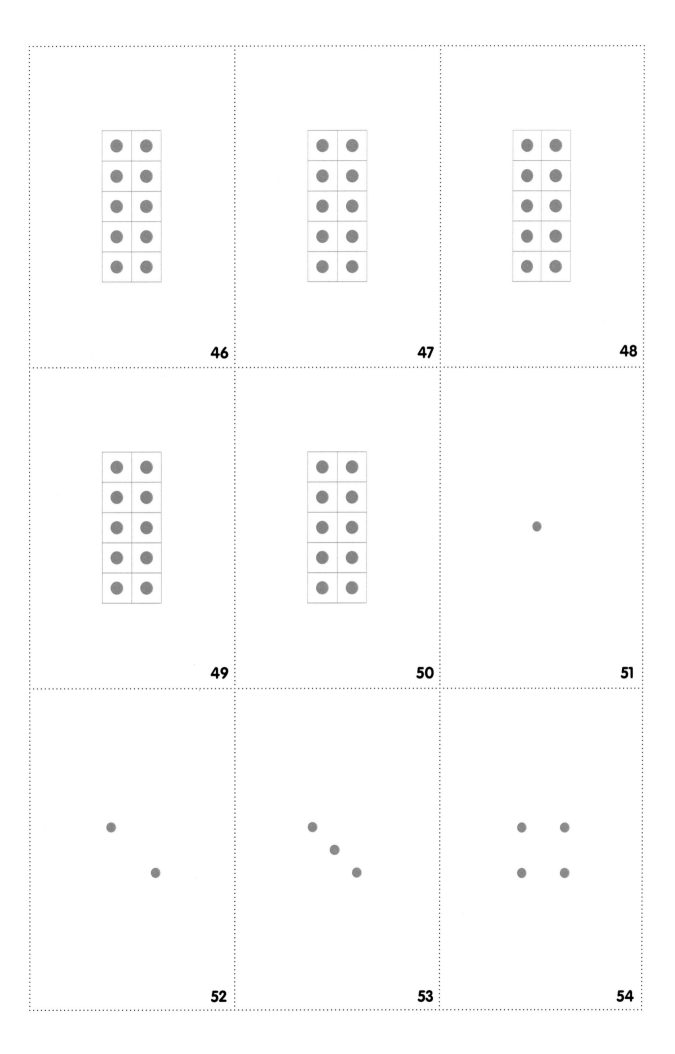

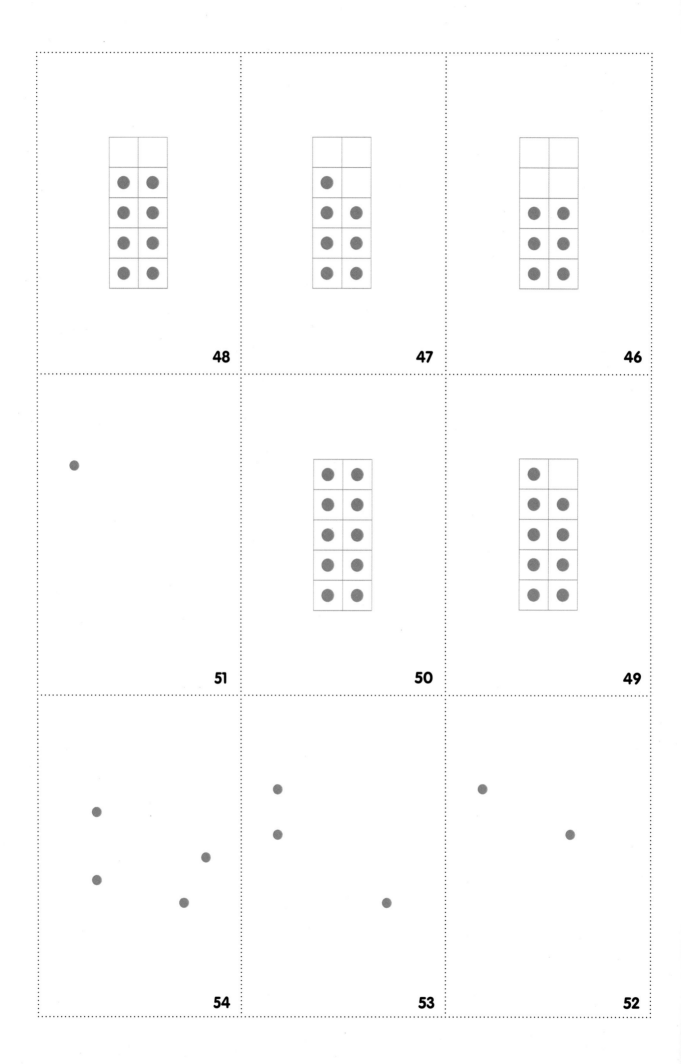

48

47

46

51

50

49

54

53

52

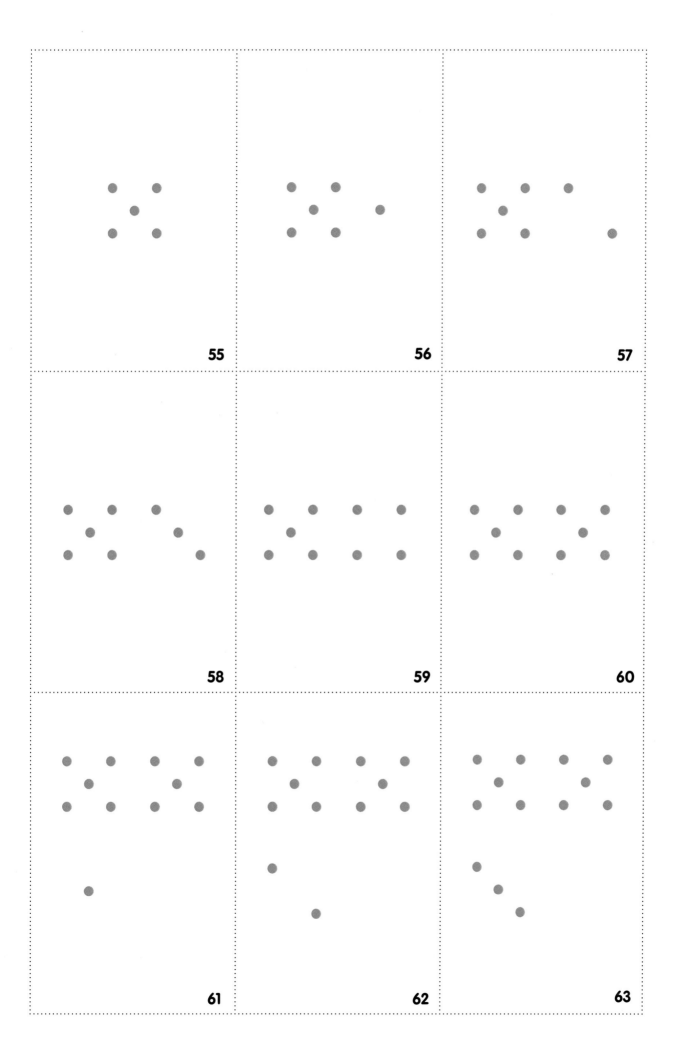

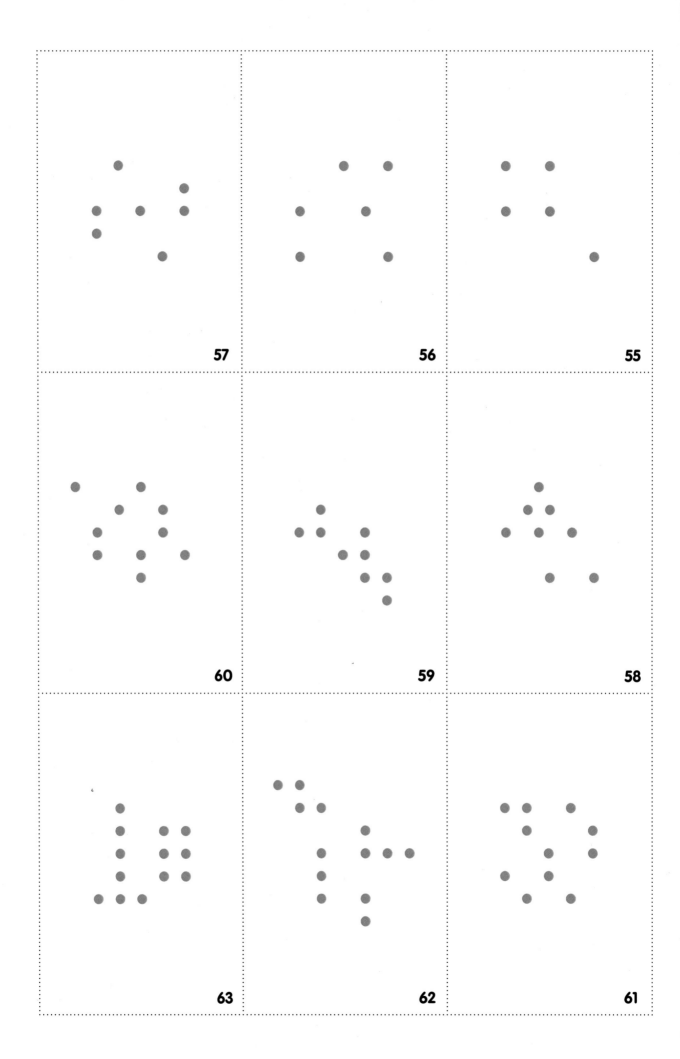

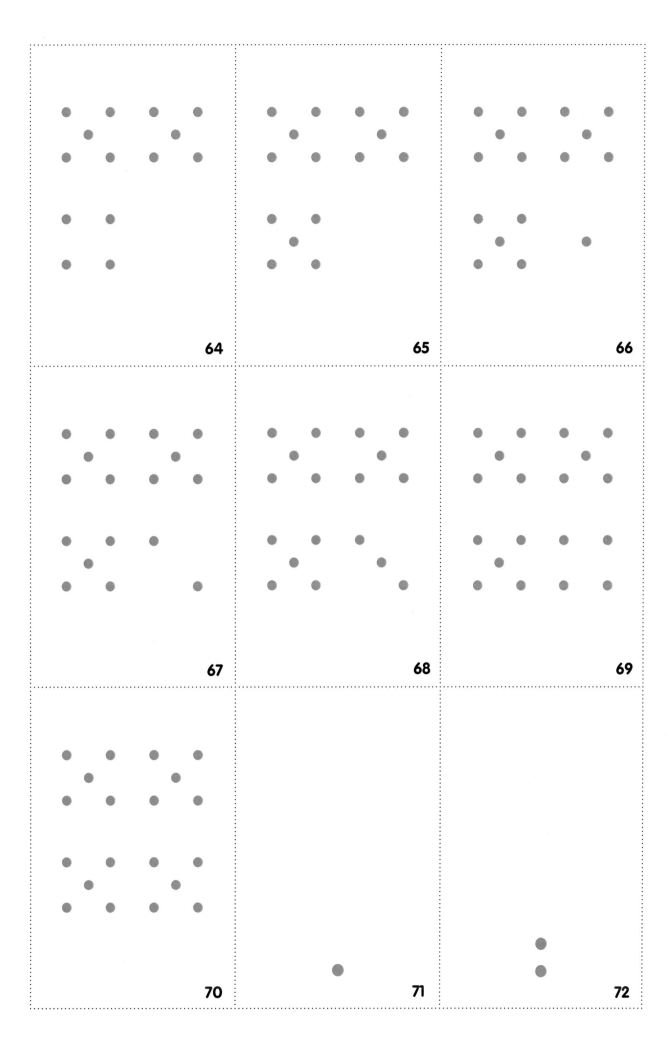

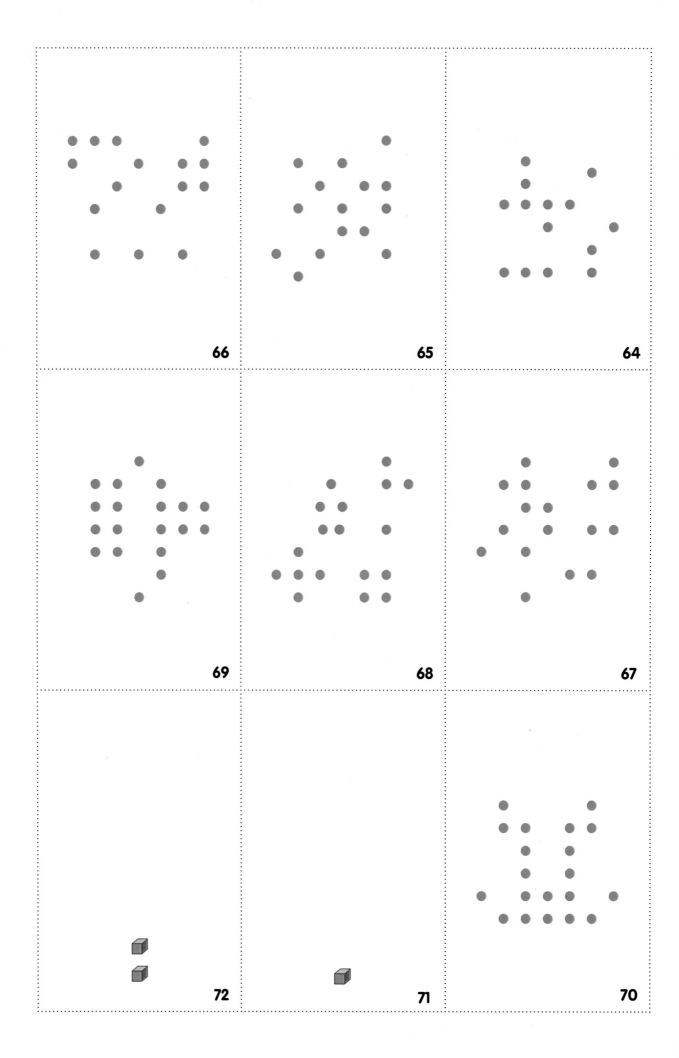

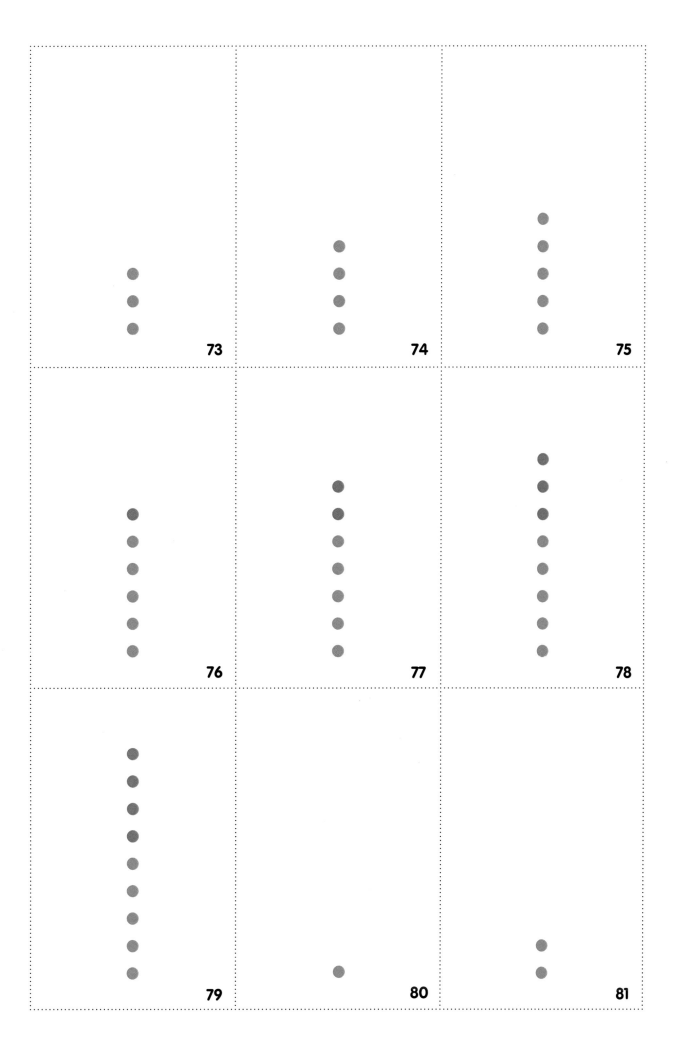

73

74

75

76

77

78

79

80

81

75

74

73

78

77

76

81

80

79

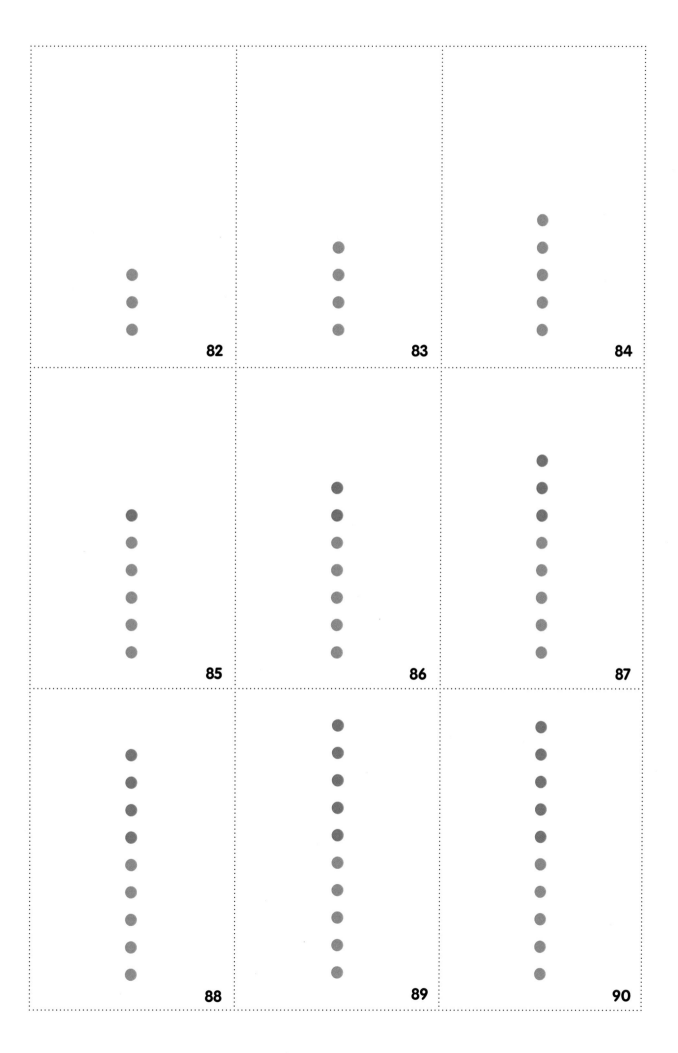

82

83

84

85

86

87

88

89

90

84

83

82

87

86

85

90

89

88

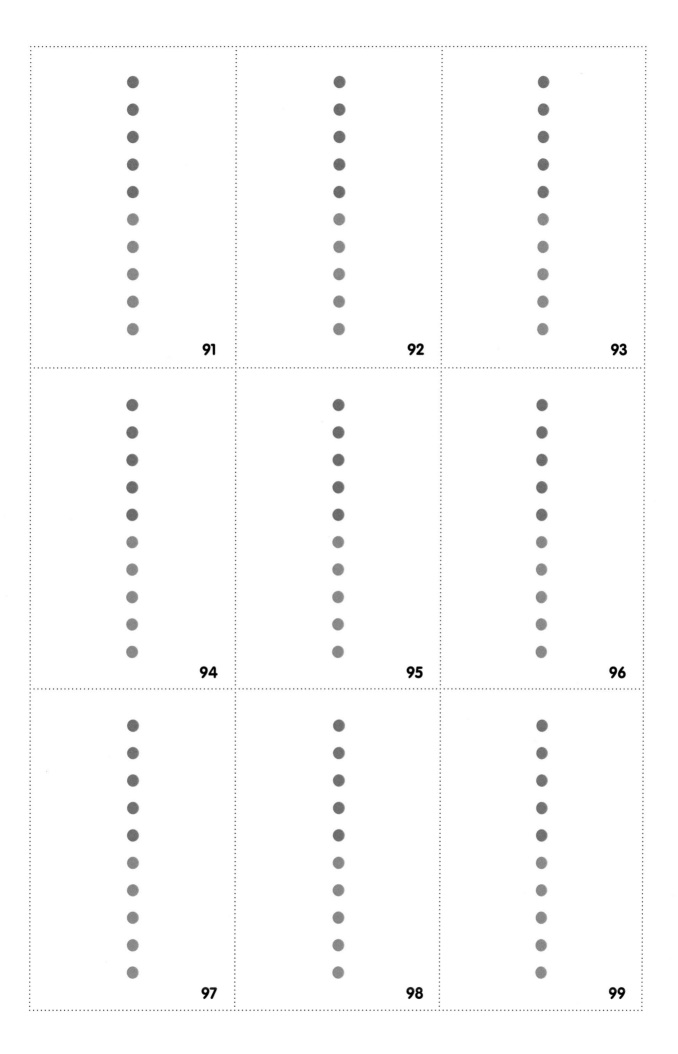

91

92

93

94

95

96

97

98

99

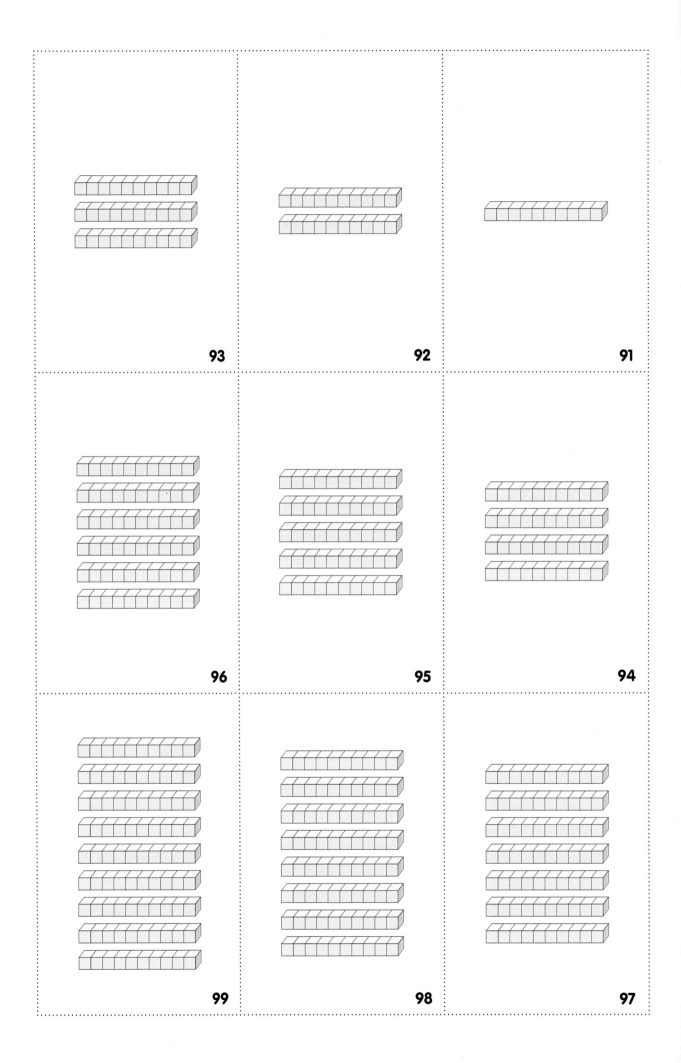

93

92

91

96

95

94

99

98

97

100

101

102

103

104

105

106

107

108

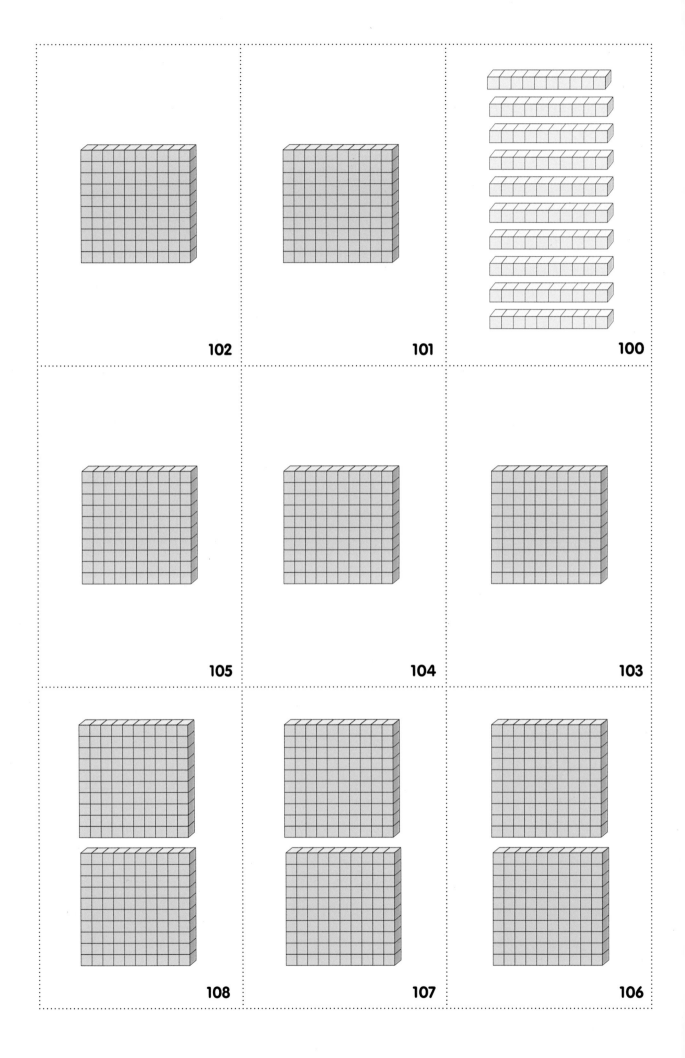

102

101

100

105

104

103

108

107

106

109

110

111

112

113

114

115

116

117

계산 자신감
Numeracy for All

111

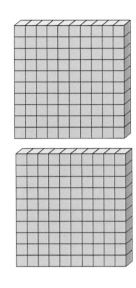

110

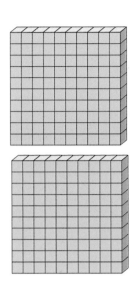

109

계산 자신감
Numeracy for All

114

계산 자신감
Numeracy for All

113

계산 자신감
Numeracy for All

112

계산 자신감
Numeracy for All

117

계산 자신감
Numeracy for All

116

계산 자신감
Numeracy for All

115

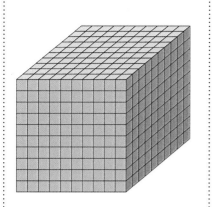

118

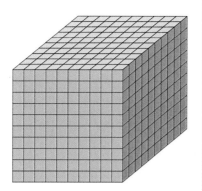

119

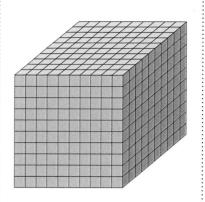

120

1+1=2

121

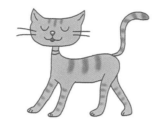

2+2=4

122

3+3=6

123

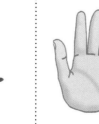

4+4=8

124

5+5=10

125

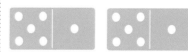

6+6=12

126

계산 자신감
Numeracy for All

120

계산 자신감
Numeracy for All

119

계산 자신감
Numeracy for All

118

계산 자신감
Numeracy for All

123

계산 자신감
Numeracy for All

122

계산 자신감
Numeracy for All

121

계산 자신감
Numeracy for All

126

계산 자신감
Numeracy for All

125

계산 자신감
Numeracy for All

124

1월

일	월	화	수	목	금	토
1	2	3	4	5	6	7
8	9	10	11	12	13	14

7+7=14

127

8+8=16

128

9+9=18

129

10+10=20

130

일 더하기 일

1 + 1

131

일 더하기 이

1 + 2

132

일 더하기 삼

1 + 3

133

일 더하기 사

1 + 4

134

일 더하기 오

1 + 5

135

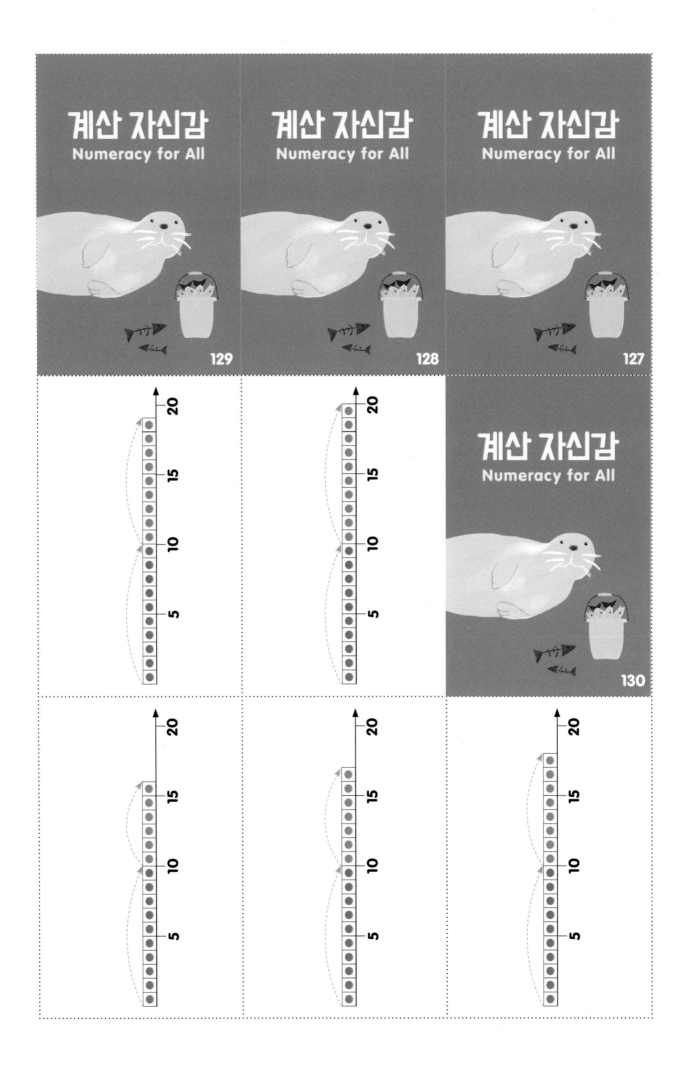

계산 자신감
Numeracy for All

129

계산 자신감
Numeracy for All

128

계산 자신감
Numeracy for All

127

계산 자신감
Numeracy for All

130

일 더하기 육

1+6

일 더하기 칠

1+7

일 더하기 팔

1+8

136

137

138

일 더하기 구

1+9

일 더하기 십

1+10

이 더하기 일

2+1

139

140

141

이 더하기 이

2+2

이 더하기 삼

2+3

이 더하기 사

2+4

142

143

144

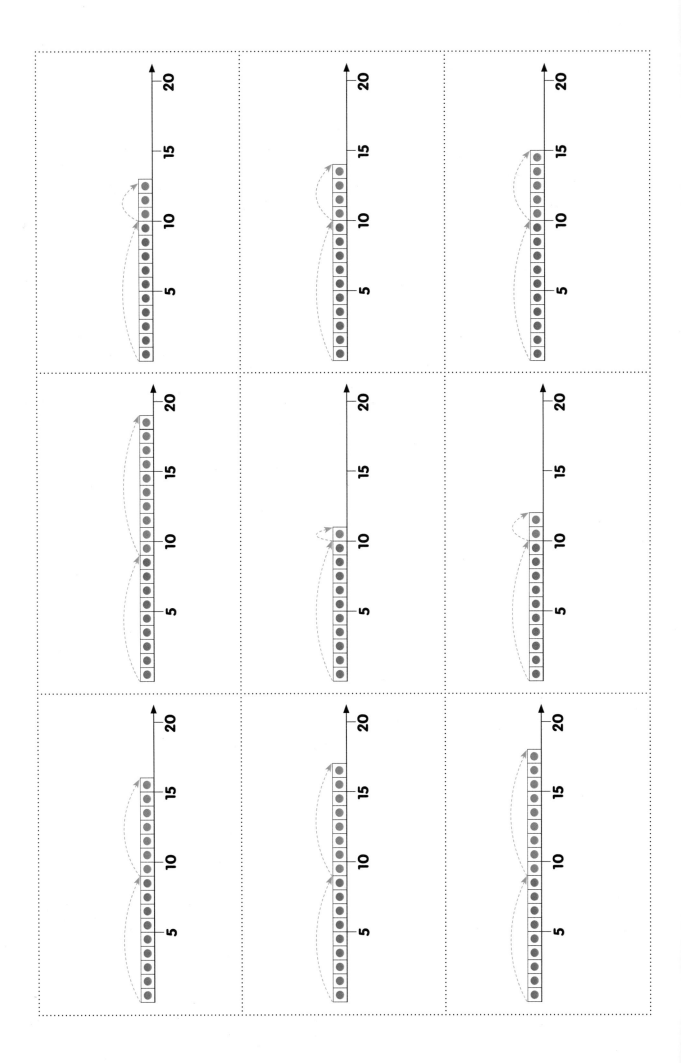

이 더하기 오

2 + 5

145

이 더하기 육

2 + 6

146

이 더하기 칠

2 + 7

147

이 더하기 팔

2 + 8

148

이 더하기 구

2 + 9

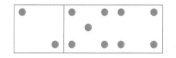

149

이 더하기 십

2 + 10

150

삼 더하기 일

3 + 1

151

삼 더하기 이

3 + 2

152

삼 더하기 삼

3 + 3

153

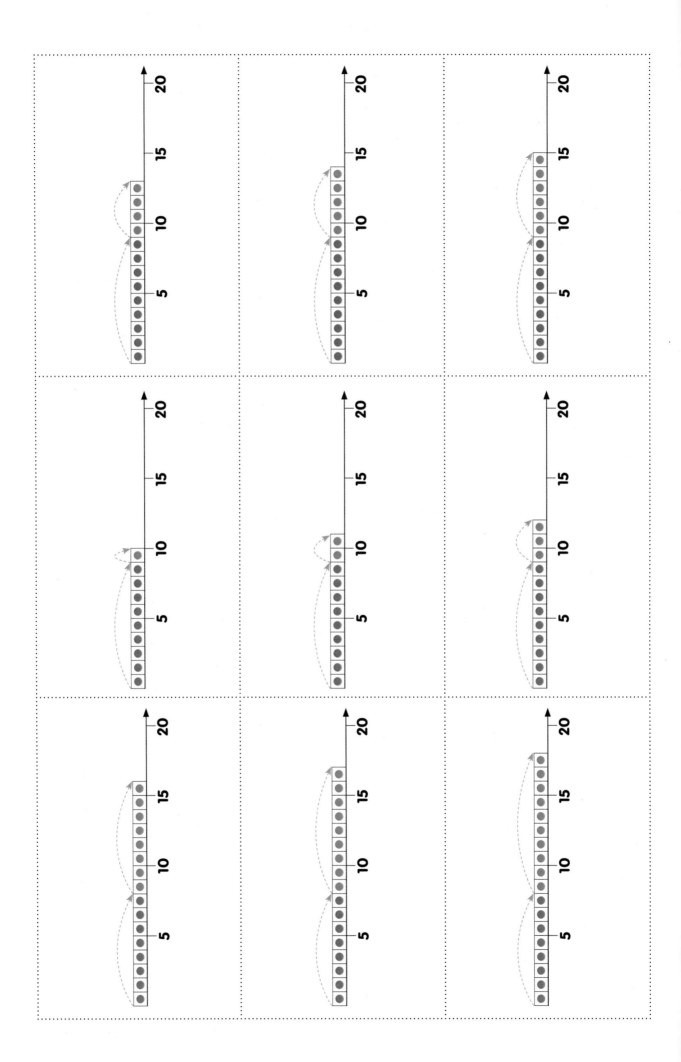

삼 더하기 사
3 + 4

154

삼 더하기 오
3 + 5

155

삼 더하기 육
3 + 6

156

삼 더하기 칠
3 + 7

157

삼 더하기 팔
3 + 8

158

삼 더하기 구
3 + 9

159

삼 더하기 십
3 + 10

160

사 더하기 일
4 + 1
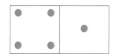

161

사 더하기 이
4 + 2

162

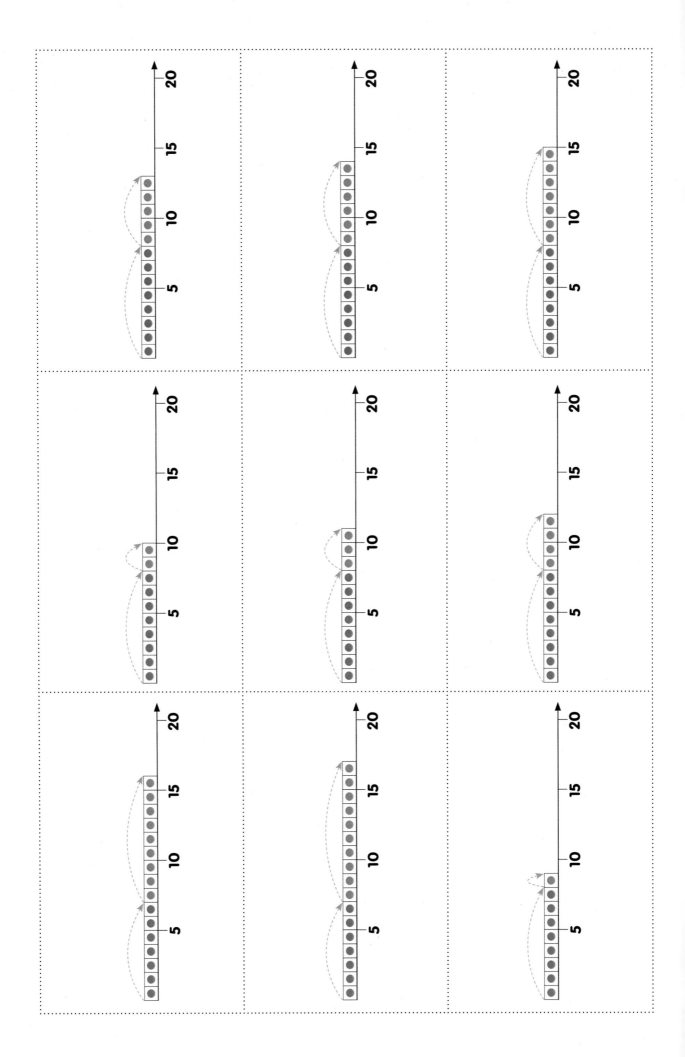

사 더하기 삼

4 + 3

163

사 더하기 사

4 + 4

164

사 더하기 오

4 + 5

165

사 더하기 육

4 + 6

166

사 더하기 칠

4 + 7

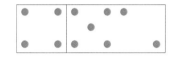

167

사 더하기 팔

4 + 8

168

사 더하기 구

4 + 9

169

사 더하기 십

4 + 10

170

오 더하기 일

5 + 1

171

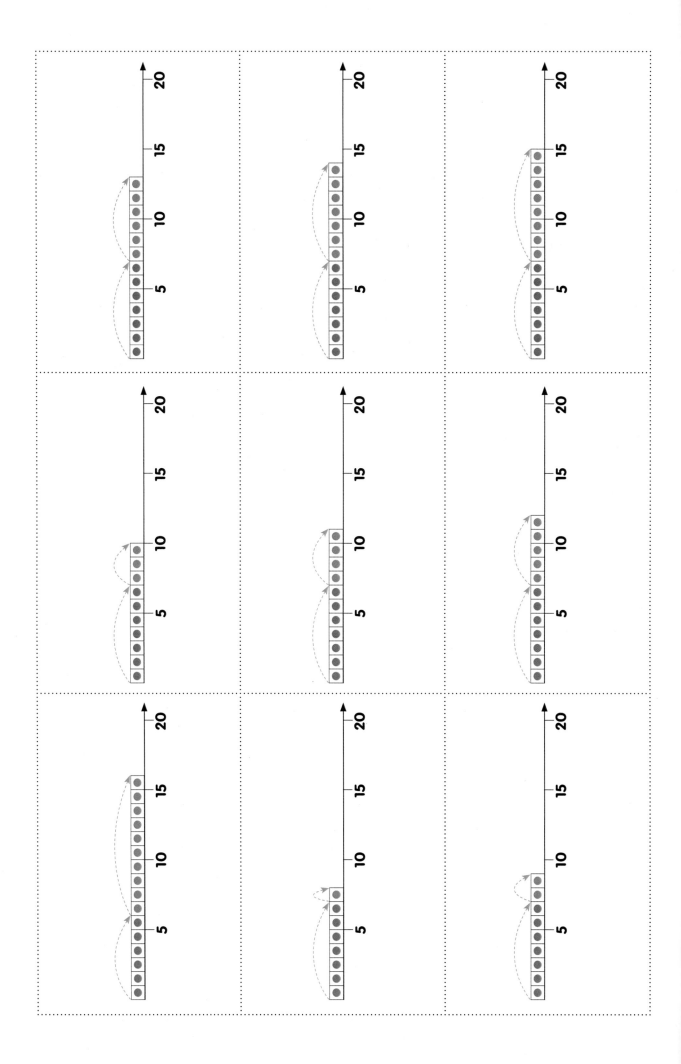

오 더하기 이

5 + 2

172

오 더하기 삼

5 + 3

173

오 더하기 사

5 + 4

174

오 더하기 오

5 + 5

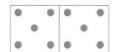

175

오 더하기 육

5 + 6

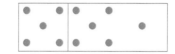

176

오 더하기 칠

5 + 7

177

오 더하기 팔

5 + 8

178

오 더하기 구

5 + 9

179

오 더하기 십

5 + 10

180

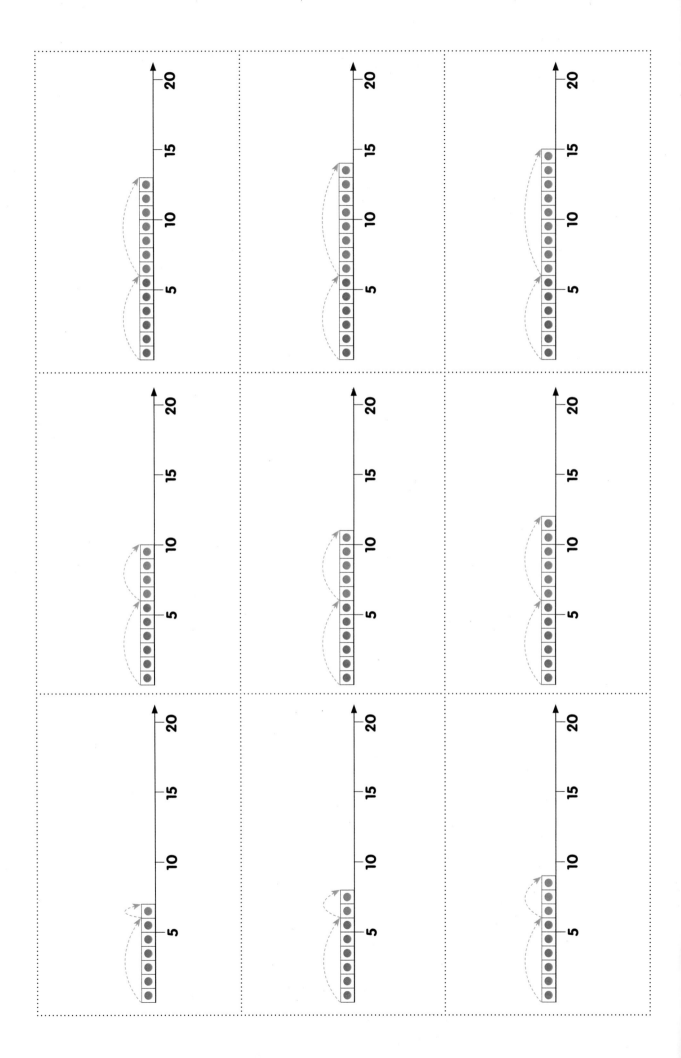

육 더하기 일
6 + 1

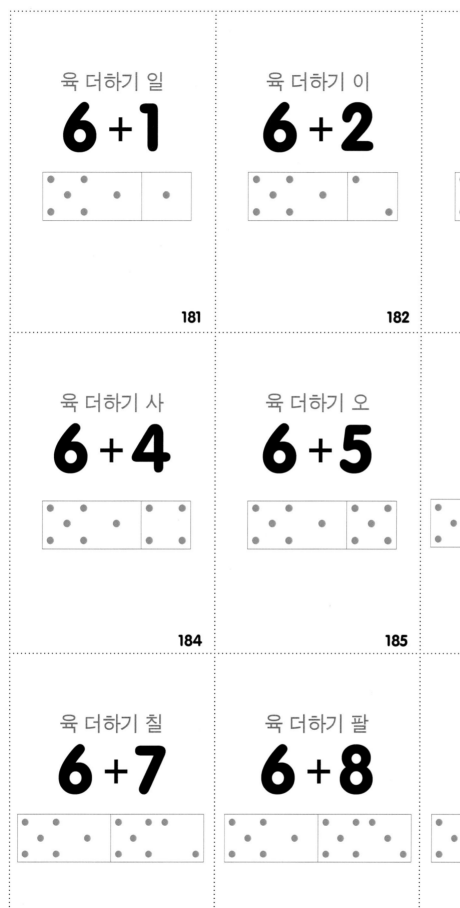

육 더하기 이
6 + 2

육 더하기 삼
6 + 3

육 더하기 사
6 + 4

육 더하기 오
6 + 5

육 더하기 육
6 + 6

육 더하기 칠
6 + 7

육 더하기 팔
6 + 8

육 더하기 구
6 + 9

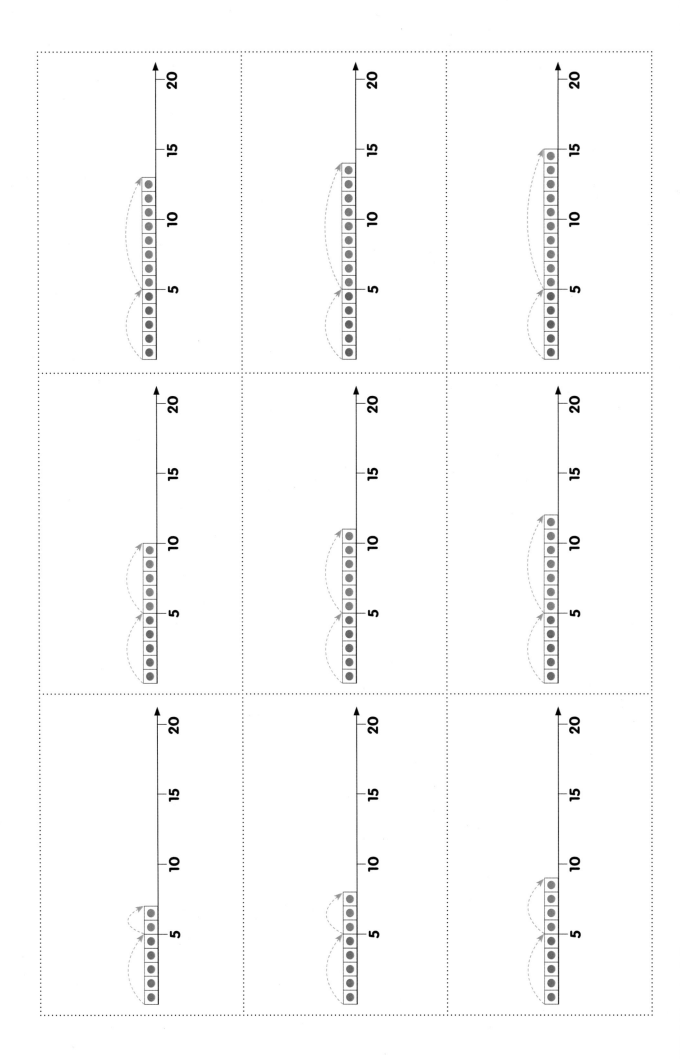

육 더하기 십
6 + 10

190

칠 더하기 일
7 + 1

191

칠 더하기 이
7 + 2

192

칠 더하기 삼
7 + 3

193

칠 더하기 사
7 + 4

194

칠 더하기 오
7 + 5

195

칠 더하기 육
7 + 6

196

칠 더하기 칠
7 + 7

197

칠 더하기 팔
7 + 8

198

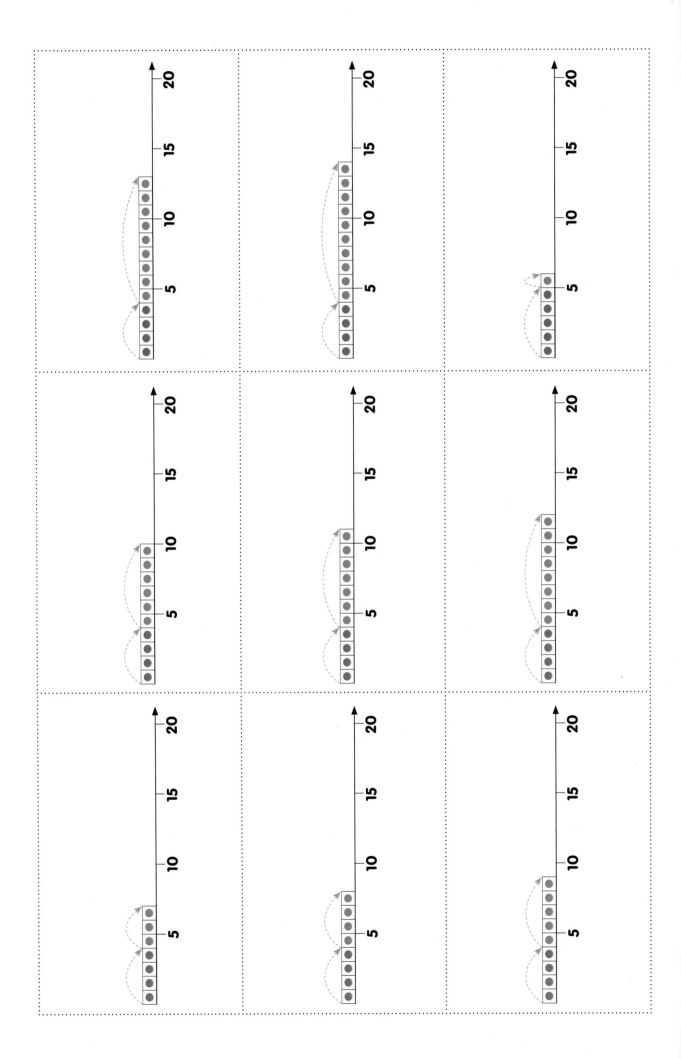

칠 더하기 구

7+9

199

칠 더하기 십

7+10

200

팔 더하기 일

8+1

201

팔 더하기 이

8+2

202

팔 더하기 삼

8+3

203

팔 더하기 사

8+4

204

팔 더하기 오

8+5

205

팔 더하기 육

8+6

206

팔 더하기 칠

8+7

207

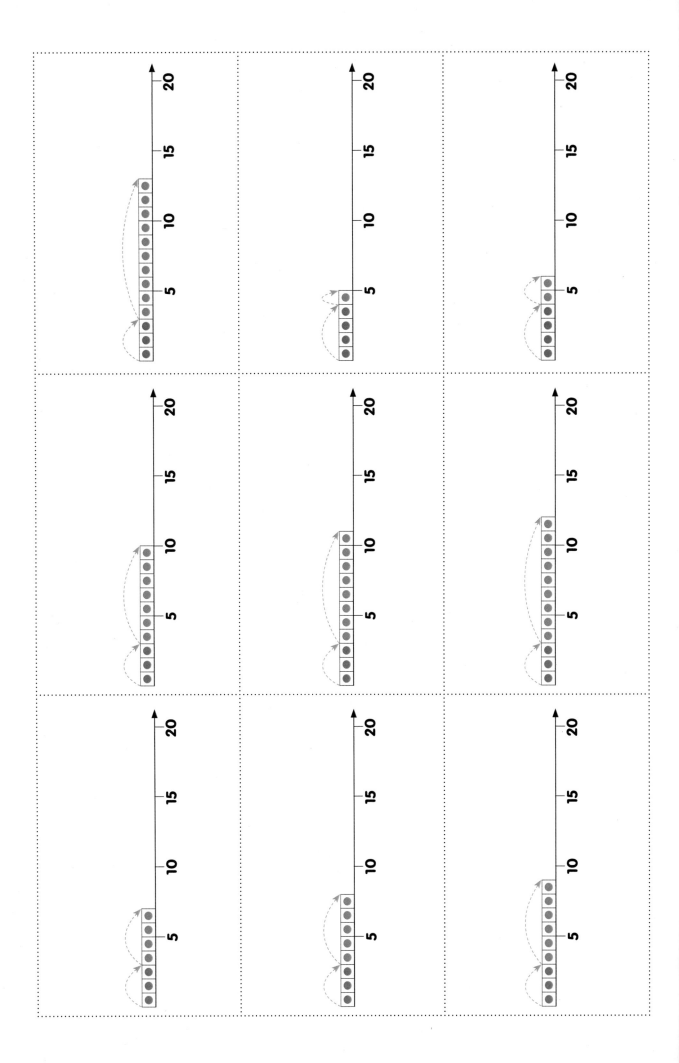

팔 더하기 팔

8 + 8

208

팔 더하기 구

8 + 9

209

팔 더하기 십

8 + 10

210

구 더하기 일

9 + 1

211

구 더하기 이

9 + 2

212

구 더하기 삼

9 + 3

213

구 더하기 사

9 + 4

214

구 더하기 오

9 + 5

215

구 더하기 육

9 + 6

216

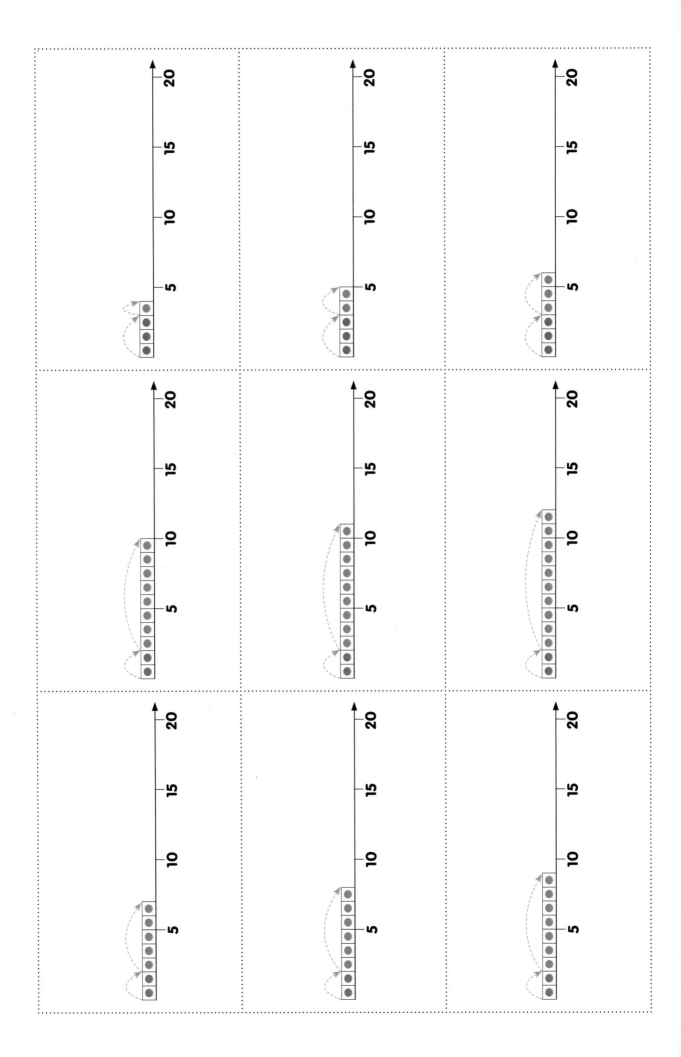

구 더하기 칠
9 + 7

217

구 더하기 팔
9 + 8

218

구 더하기 구
9 + 9

219

구 더하기 십
9 + 10

220

십 더하기 일
10 + 1

221

십 더하기 이
10 + 2

222

십 더하기 삼
10 + 3

223

십 더하기 사
10 + 4

224

십 더하기 오
10 + 5

225

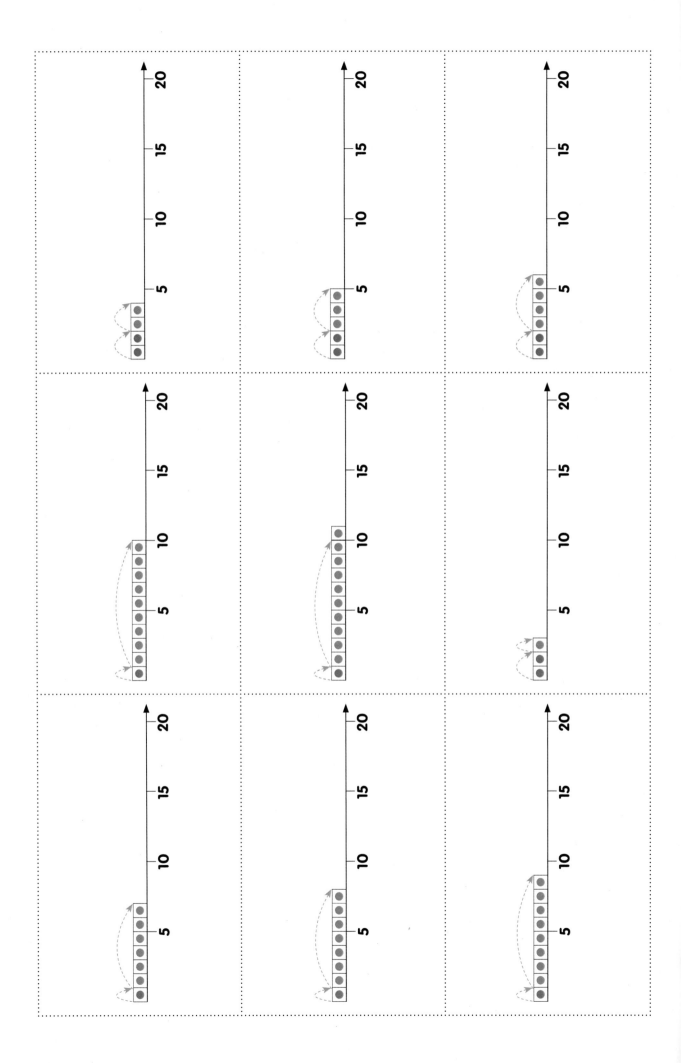

십 더하기 육

10 + 6

226

십 더하기 칠

10 + 7

227

십 더하기 팔

10 + 8

228

십 더하기 구

10 + 9

229

십 더하기 십

10+10

230

이 빼기 일

2-1

231

삼 빼기 일

3-1

232

사 빼기 일

4-1

233

오 빼기 일

5-1

234

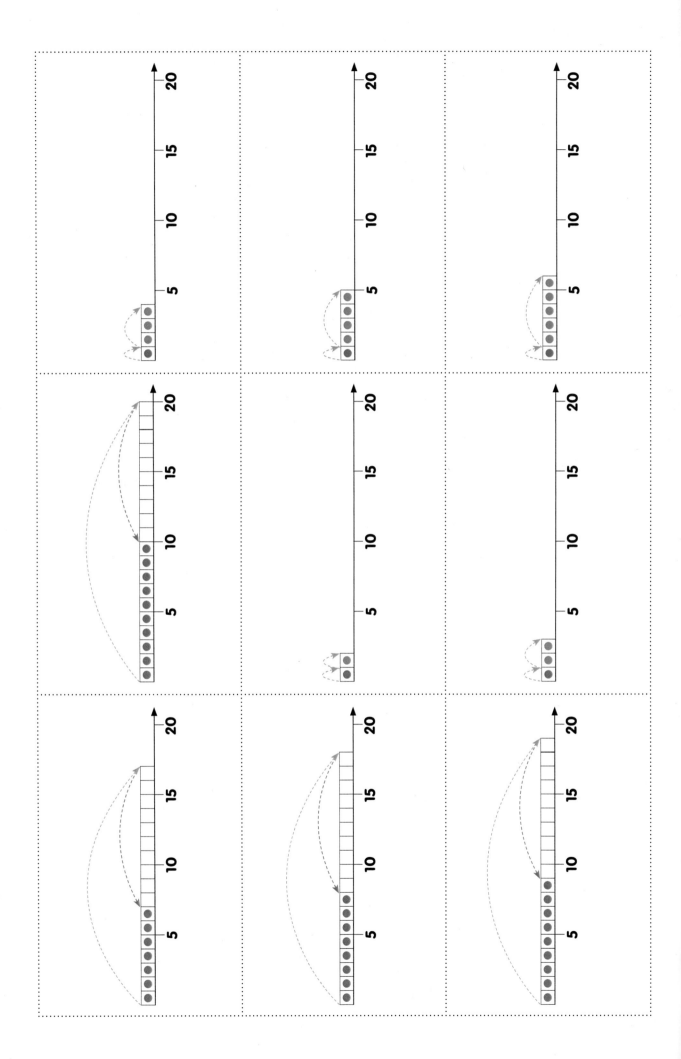

육 빼기 일

6-1

235

칠 빼기 일

7-1

236

팔 빼기 일

8-1

237

구 빼기 일

9-1

238

십 빼기 일

10-1

239

십일 빼기 일

11-1

240

삼 빼기 이

3-2

241

사 빼기 이

4-2

242

오 빼기 이

5-2

243

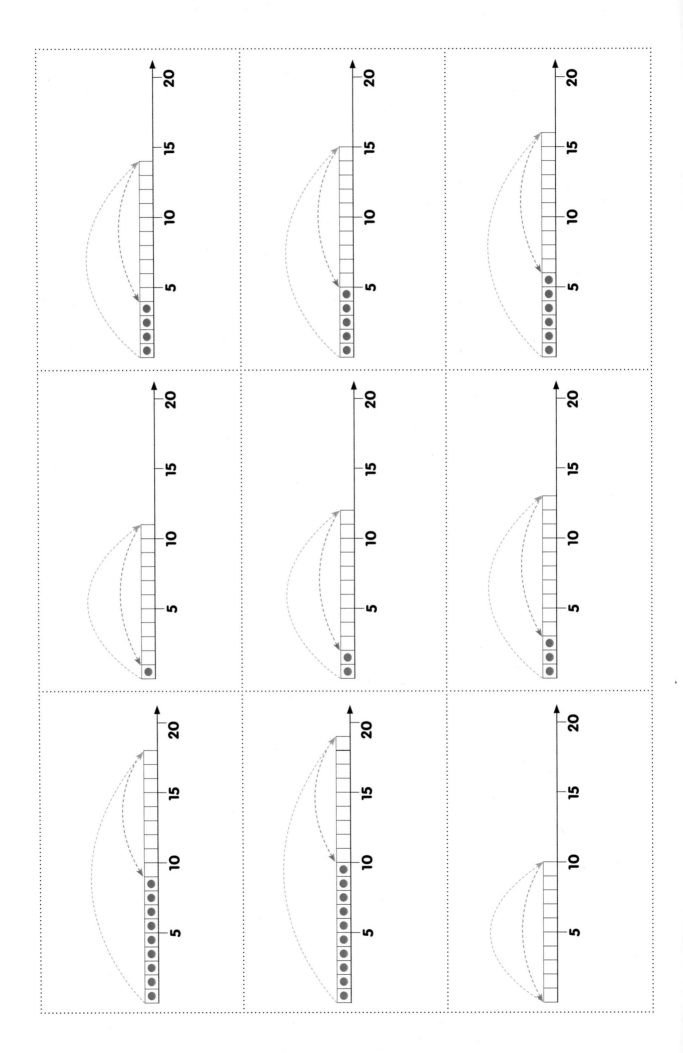

육 빼기 이

6-2

244

칠 빼기 이

7-2

245

팔 빼기 이

8-2

246

구 빼기 이

9-2

247

십 빼기 이

10-2

248

십일 빼기 이

11-2

249

십이 빼기 이

12-2

250

삼 빼기 삼

3-3

251

사 빼기 삼

4-3

252

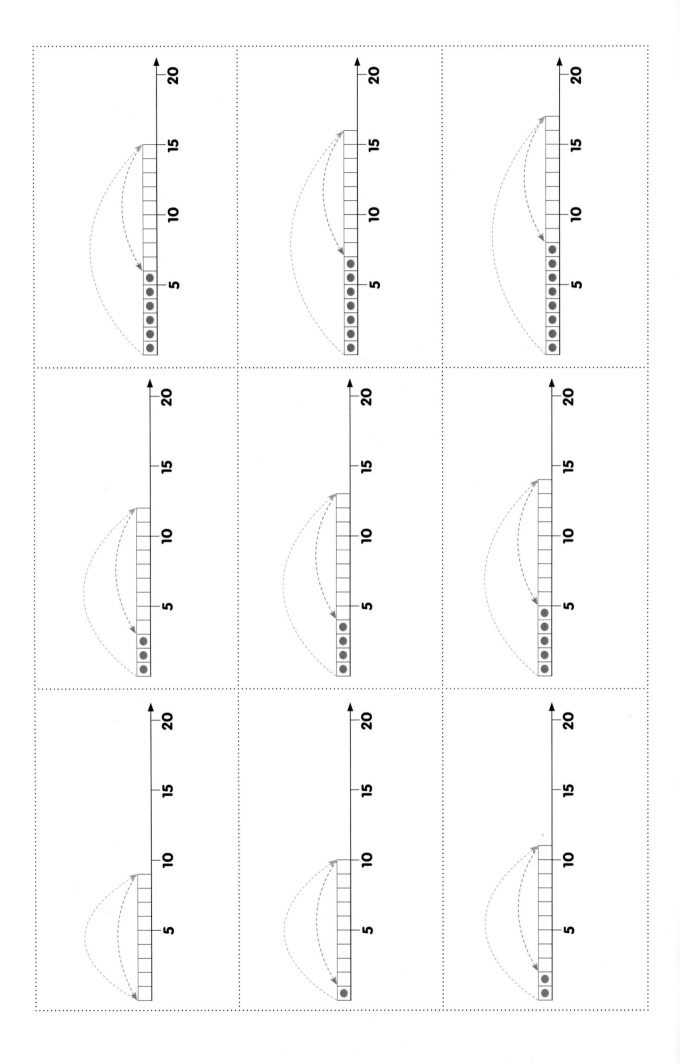

오 빼기 삼

5 - 3

253

육 빼기 삼

6 - 3

254

칠 빼기 삼

7 - 3

255

팔 빼기 삼

8 - 3

256

구 빼기 삼

9 - 3

257

십 빼기 삼

10 - 3

258

십일 빼기 삼

11 - 3

259

십이 빼기 삼

12 - 3

260

십삼 빼기 삼

13 - 3

261

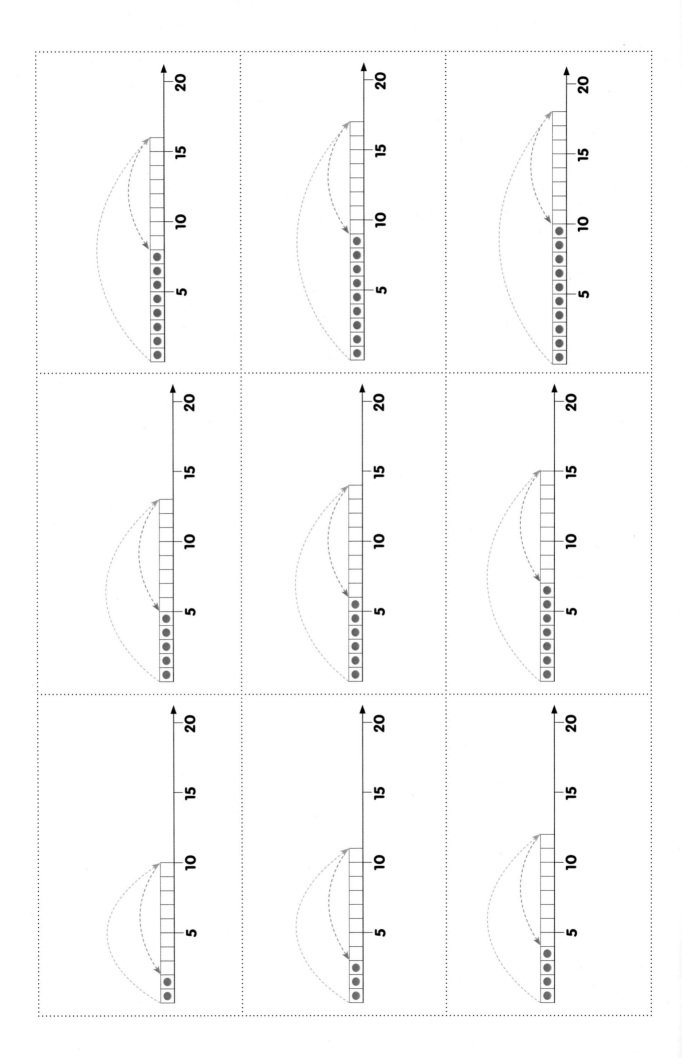

사 빼기 사

4 - 4

262

오 빼기 사

5 - 4

263

육 빼기 사

6 - 4

264

칠 빼기 사

7 - 4

265

팔 빼기 사

8 - 4

266

구 빼기 사

9 - 4

267

십 빼기 사

10 - 4

268

십일 빼기 사

11 - 4

269

십이 빼기 사

12 - 4

270

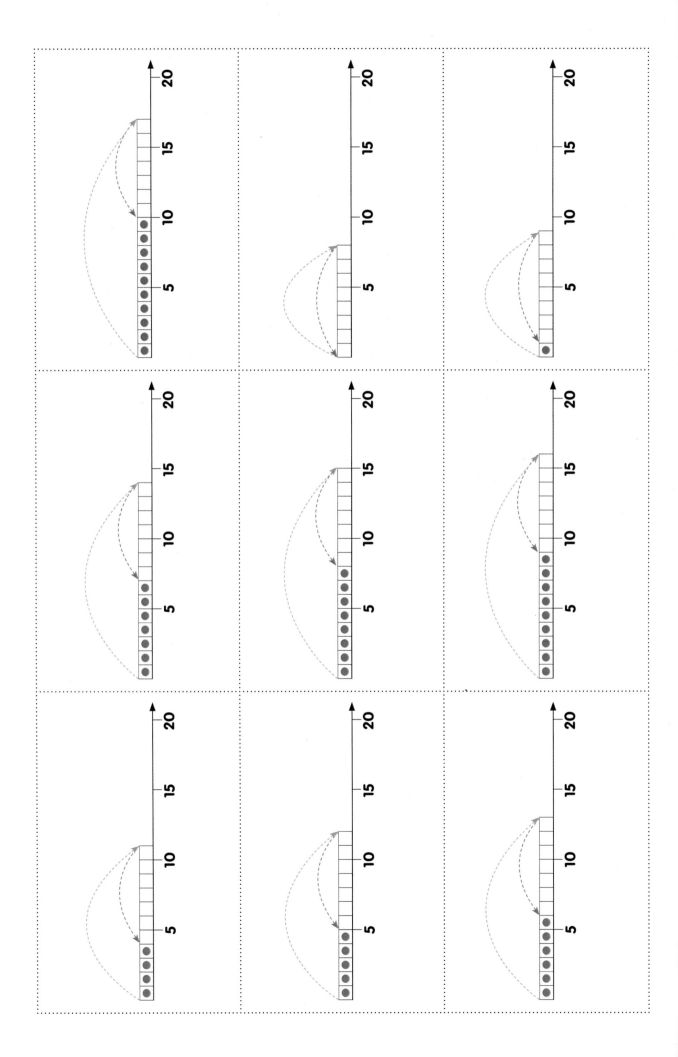

십삼 빼기 사

13-4

271

십사 빼기 사

14-4

272

십오 빼기 사

15-4

273

육 빼기 오

6-5

274

칠 빼기 오

7-5

275

팔 빼기 오

8-5

276

구 빼기 오

9-5

277

십 빼기 오

10-5

278

십일 빼기 오

11-5

279

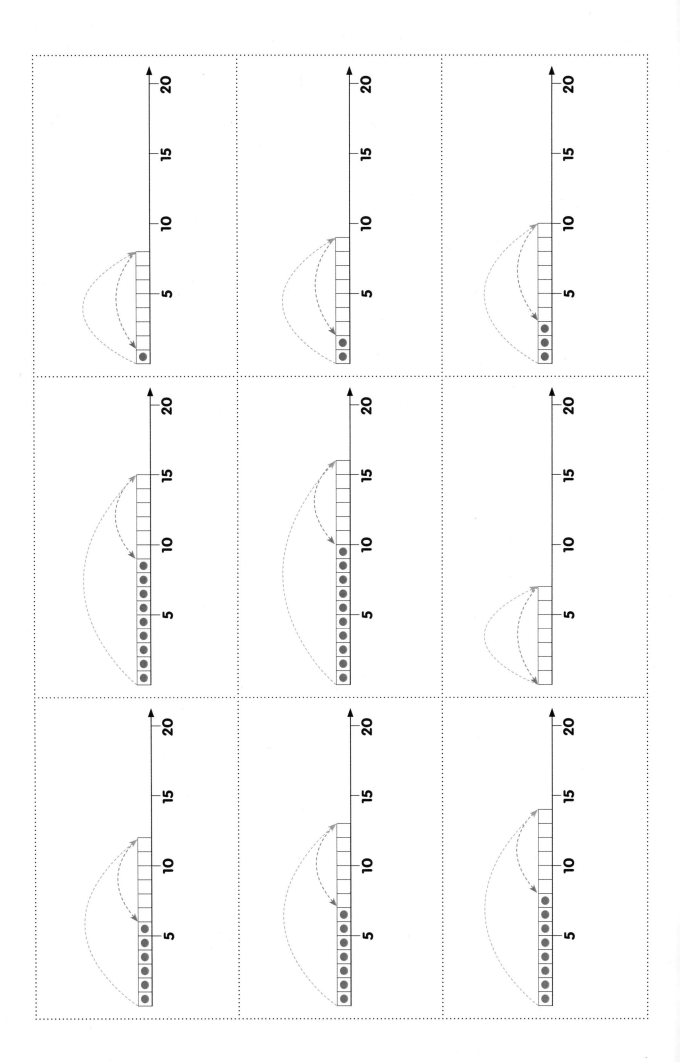

십이 빼기 오

12 - 5

280

십삼 빼기 오

13 - 5

281

십사 빼기 오

14 - 5

282

십오 빼기 오

15 - 5

283

육 빼기 육

6 - 6

284

칠 빼기 육

7 - 6

285

팔 빼기 육

8 - 6

286

구 빼기 육

9 - 6

287

십 빼기 육

10 - 6

288

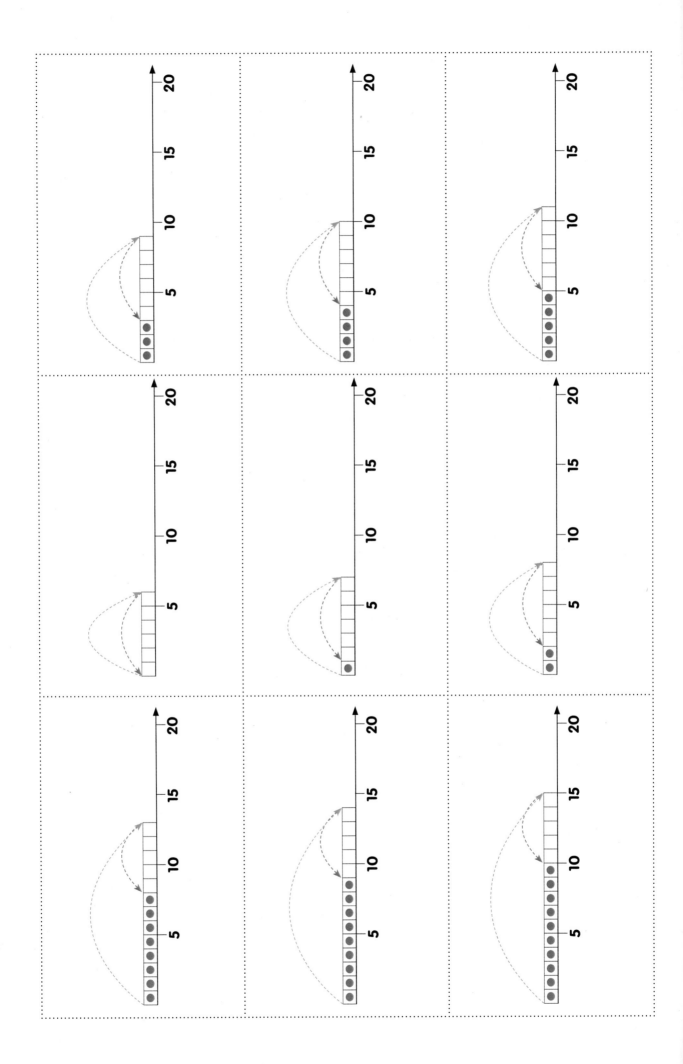

십일 빼기 육

11-6

289

십이 빼기 육

12-6

290

십삼 빼기 육

13-6

291

십사 빼기 육

14-6

292

십오 빼기 육

15-6

293

십육 빼기 육

16-6

294

칠 빼기 칠

7-7

295

팔 빼기 칠

8-7

296

구 빼기 칠

9-7

297

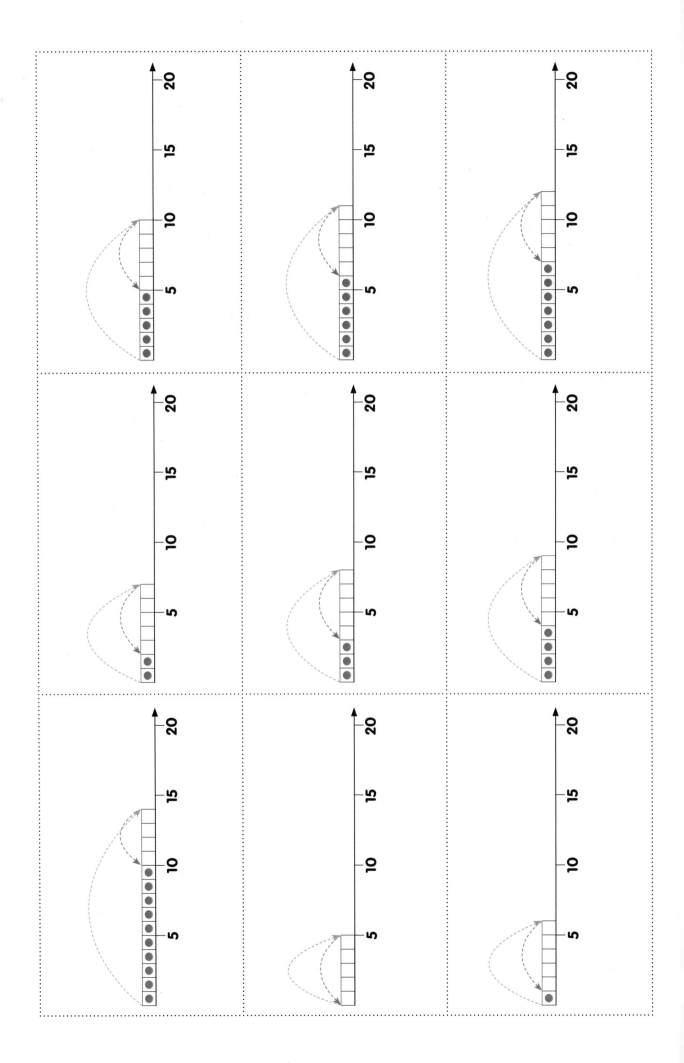

십 빼기 칠

10-7

298

십일 빼기 칠

11-7

299

십이 빼기 칠

12-7

300

십삼 빼기 칠

13-7

301

십사 빼기 칠

14-7

302

십오 빼기 칠

15-7

303

십육 빼기 칠

16-7

304

십칠 빼기 칠

17-7

305

십팔 빼기 칠

18-7

306

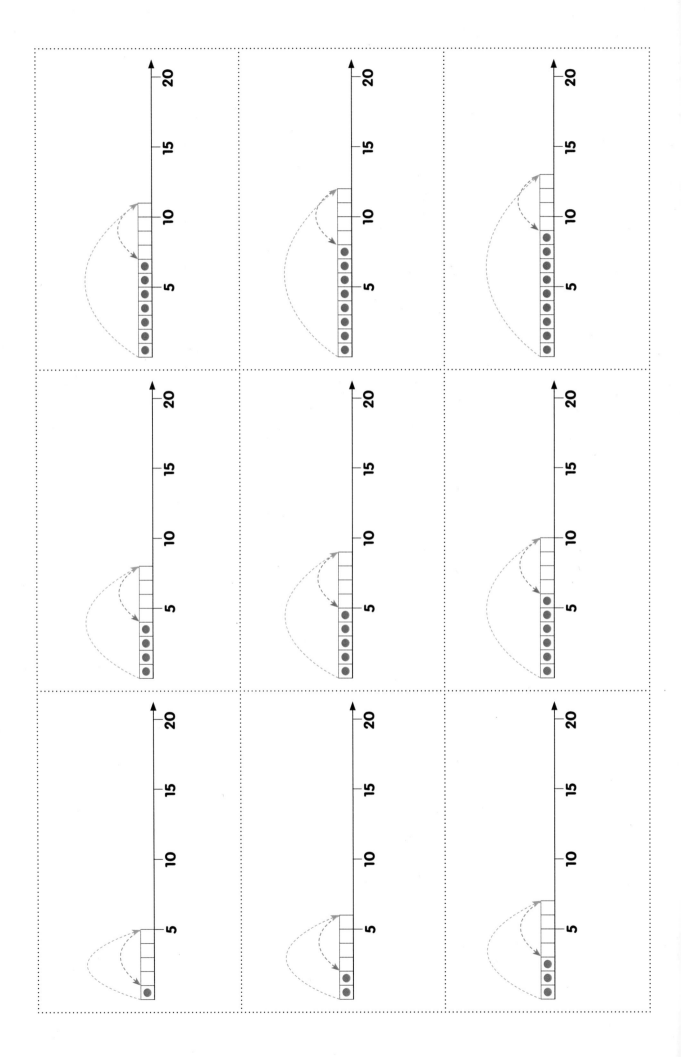

구 빼기 팔

9-8

307

십 빼기 팔

10-8

308

십일 빼기 팔

11-8

309

십이 빼기 팔

12-8

310

십삼 빼기 팔

13-8

311

십사 빼기 팔

14-8

312

십오 빼기 팔

15-8

313

십육 빼기 팔

16-8

314

십칠 빼기 팔

17-8

315

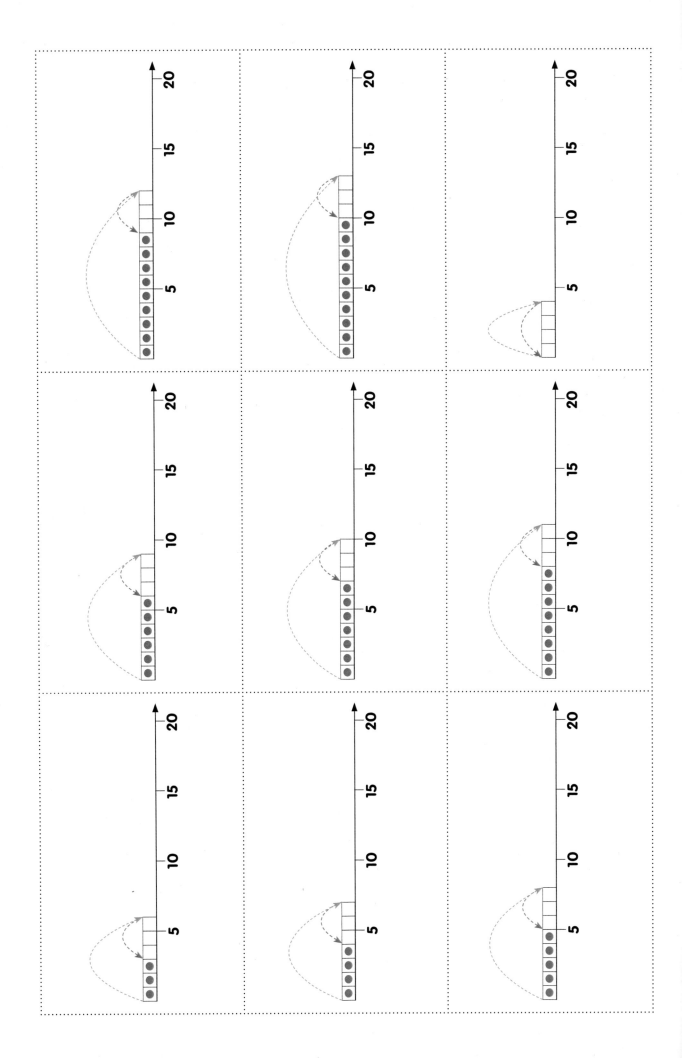

십팔 빼기 팔

18-8

구 빼기 구

9-9

십 빼기 구

10-9

십일 빼기 구

11-9

십이 빼기 구

12-9

십삼 빼기 구

13-9

십사 빼기 구

14-9

십오 빼기 구

15-9

십육 빼기 구

16-9

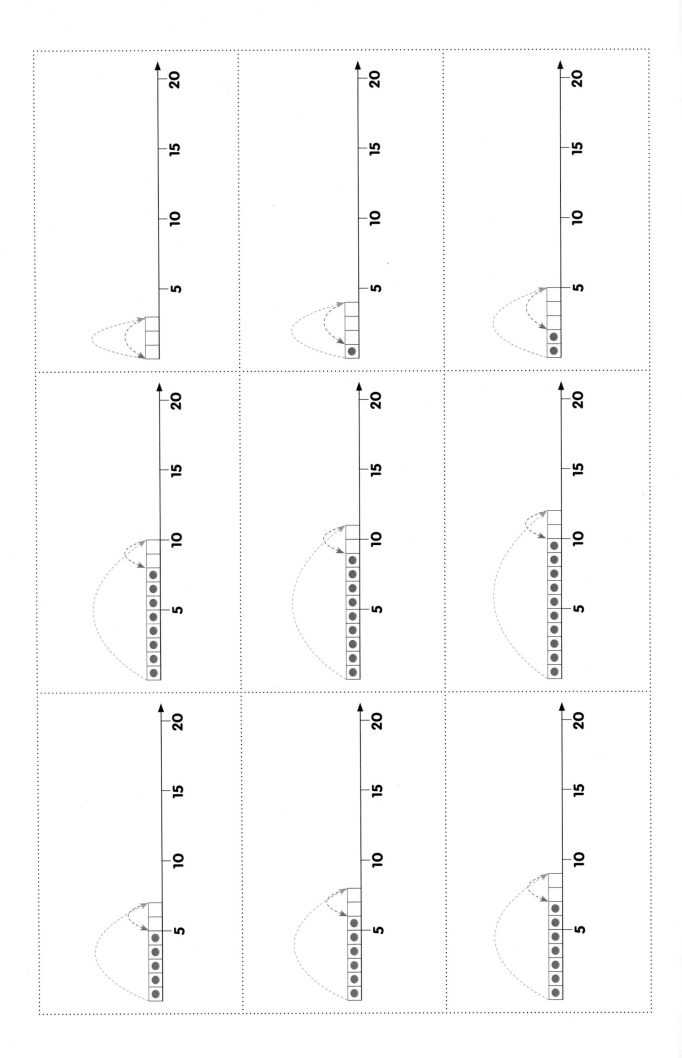

십칠 빼기 구

17-9

325

십팔 빼기 구

18-9

326

십구 빼기 구

19-9

327

십 빼기 십

10-10

328

십일 빼기 십

11-10

329

십이 빼기 십

12-10

330

십삼 빼기 십

13-10

331

십사 빼기 십

14-10

332

십오 빼기 십

15-10

333

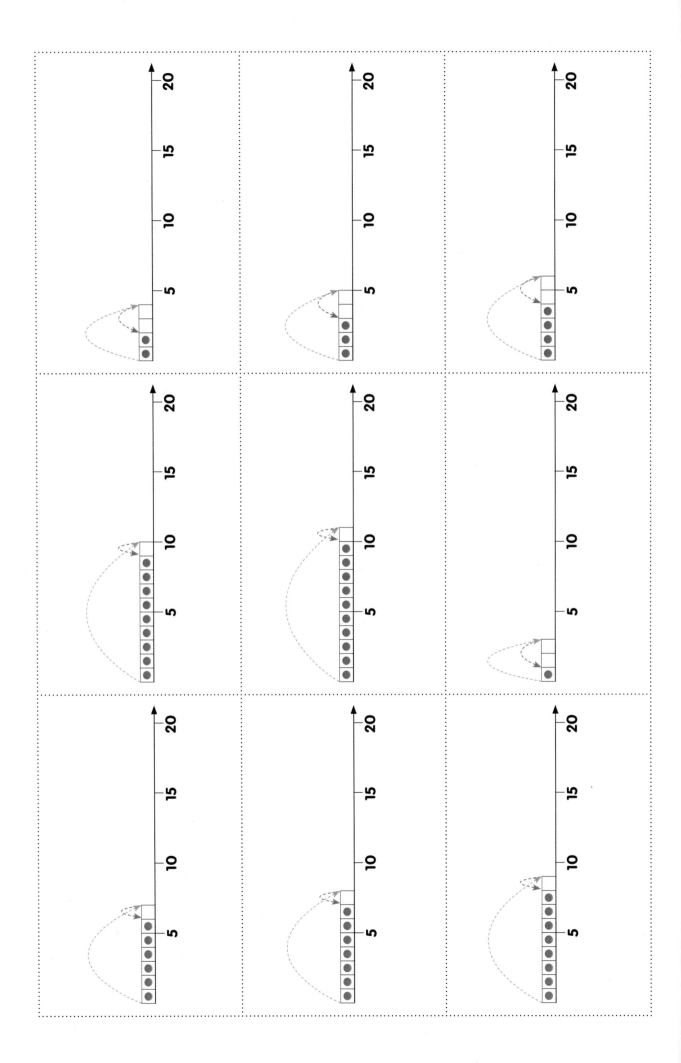

십육 빼기 십
16 - 10

334

십칠 빼기 십
17 - 10

335

십팔 빼기 십
18 - 10

336

십구 빼기 십
19 - 10

337

이십 빼기 십
20 - 10

338

□ - □

339

나누기

÷

340

<

341

>

342

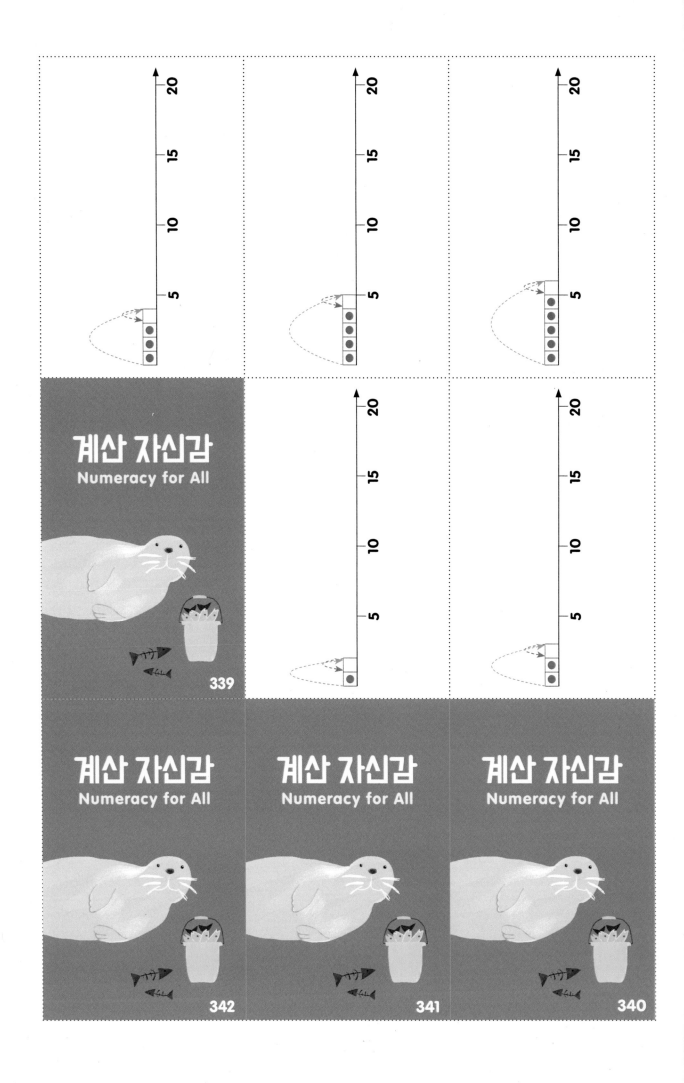

이 곱하기 일

2×1

2

343

이 곱하기 이

2×2

2 2

344

이 곱하기 삼

2×3

2 2 2

345

이 곱하기 사

2×4

2 2 2 2

346

이 곱하기 오

2×5

2 2 2 2 2

347

이 곱하기 육

2×6

2 2 2 2 2 2

348

이 곱하기 칠

2×7

2 2 2 2 2 2 2

349

이 곱하기 팔

2×8

2 2 2 2 2 2 2 2

350

이 곱하기 구

2×9

2 2 2 2 2 2 2 2 2

351

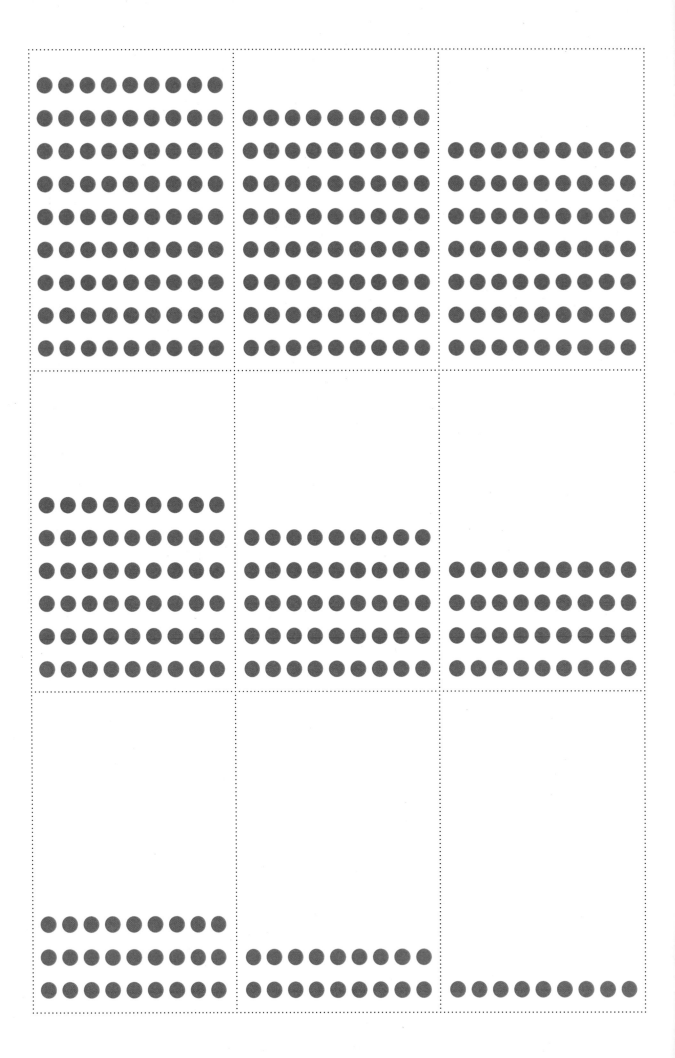

삼 곱하기 일

3 × 1

3

352

삼 곱하기 이

3 × 2

3 3

353

삼 곱하기 삼

3 × 3

3 3 3

354

삼 곱하기 사

3 × 4

3 3 3 3

355

삼 곱하기 오

3 × 5

3 3 3 3 3

356

삼 곱하기 육

3 × 6

3 3 3 3 3 3

357

삼 곱하기 칠

3 × 7

3 3 3 3 3 3 3

358

삼 곱하기 팔

3 × 8

3 3 3 3 3 3 3 3

359

삼 곱하기 구

3 × 9

3 3 3 3 3 3 3 3 3

360

사 곱하기 일

4 ×1

361

사 곱하기 이

4 ×2

362

사 곱하기 삼

4 ×3

363

사 곱하기 사

4 ×4

364

사 곱하기 오

4 ×5

365

사 곱하기 육

4 ×6

366

사 곱하기 칠

4 ×7

367

사 곱하기 팔

4 ×8

368

사 곱하기 구

4 ×9

369

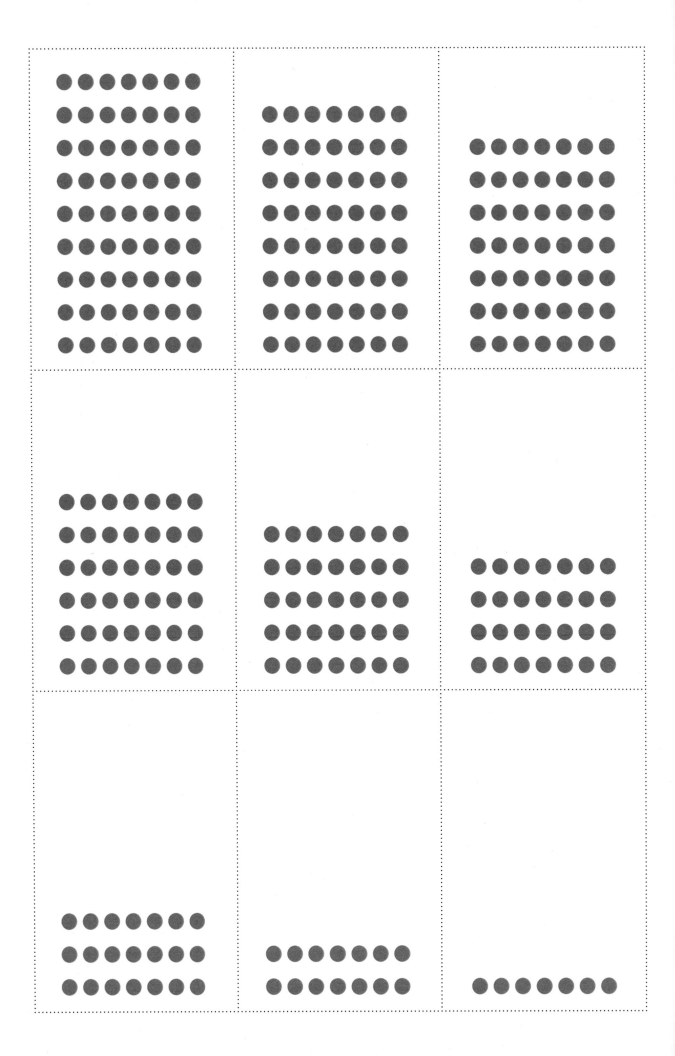

오 곱하기 일

5 × 1

5

370

오 곱하기 이

5 × 2

5 5

371

오 곱하기 삼

5 × 3

5 5 5

372

오 곱하기 사

5 × 4

5 5 5 5

373

오 곱하기 오

5 × 5

5 5 5 5 5

374

오 곱하기 육

5 × 6

5 5 5 5 5 5

375

오 곱하기 칠

5 × 7

5 5 5 5 5 5 5

376

오 곱하기 팔

5 × 8

5 5 5 5 5 5 5 5

377

오 곱하기 구

5 × 9

5 5 5 5 5 5 5 5 5

378

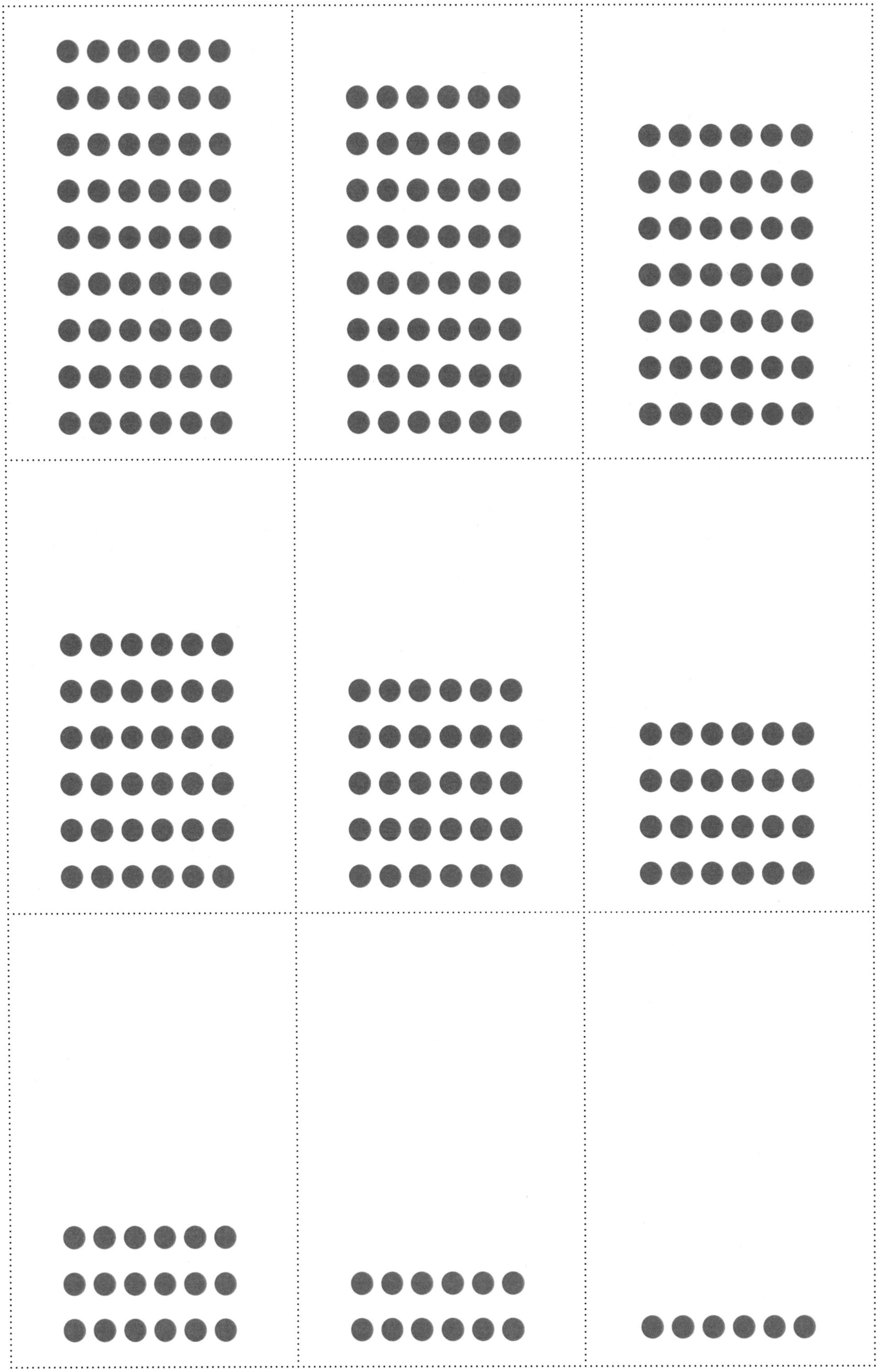

육 곱하기 일

6 × 1

379

육 곱하기 이

6 × 2

380

육 곱하기 삼

6 × 3

381

육 곱하기 사

6 × 4

382

육 곱하기 오

6 × 5

383

육 곱하기 육

6 × 6

384

육 곱하기 칠

6 × 7

385

육 곱하기 팔

6 × 8

386

육 곱하기 구

6 × 9

387

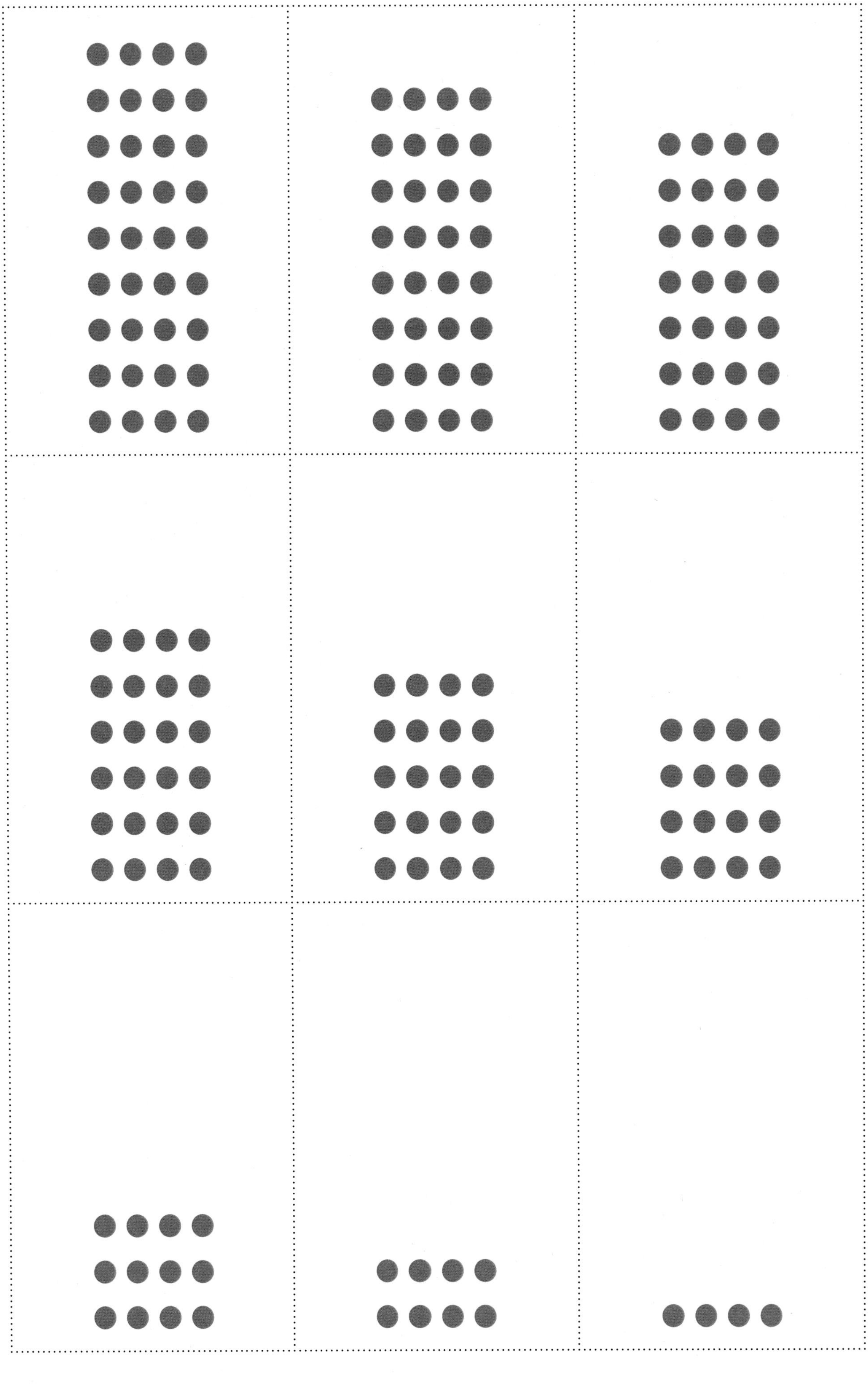

칠 곱하기 일
7×1

388

칠 곱하기 이
7×2

389

칠 곱하기 삼
7×3

390

칠 곱하기 사
7×4

391

칠 곱하기 오
7×5

392

칠 곱하기 육
7×6

393

칠 곱하기 칠
7×7

394

칠 곱하기 팔
7×8

395

칠 곱하기 구
7×9

396

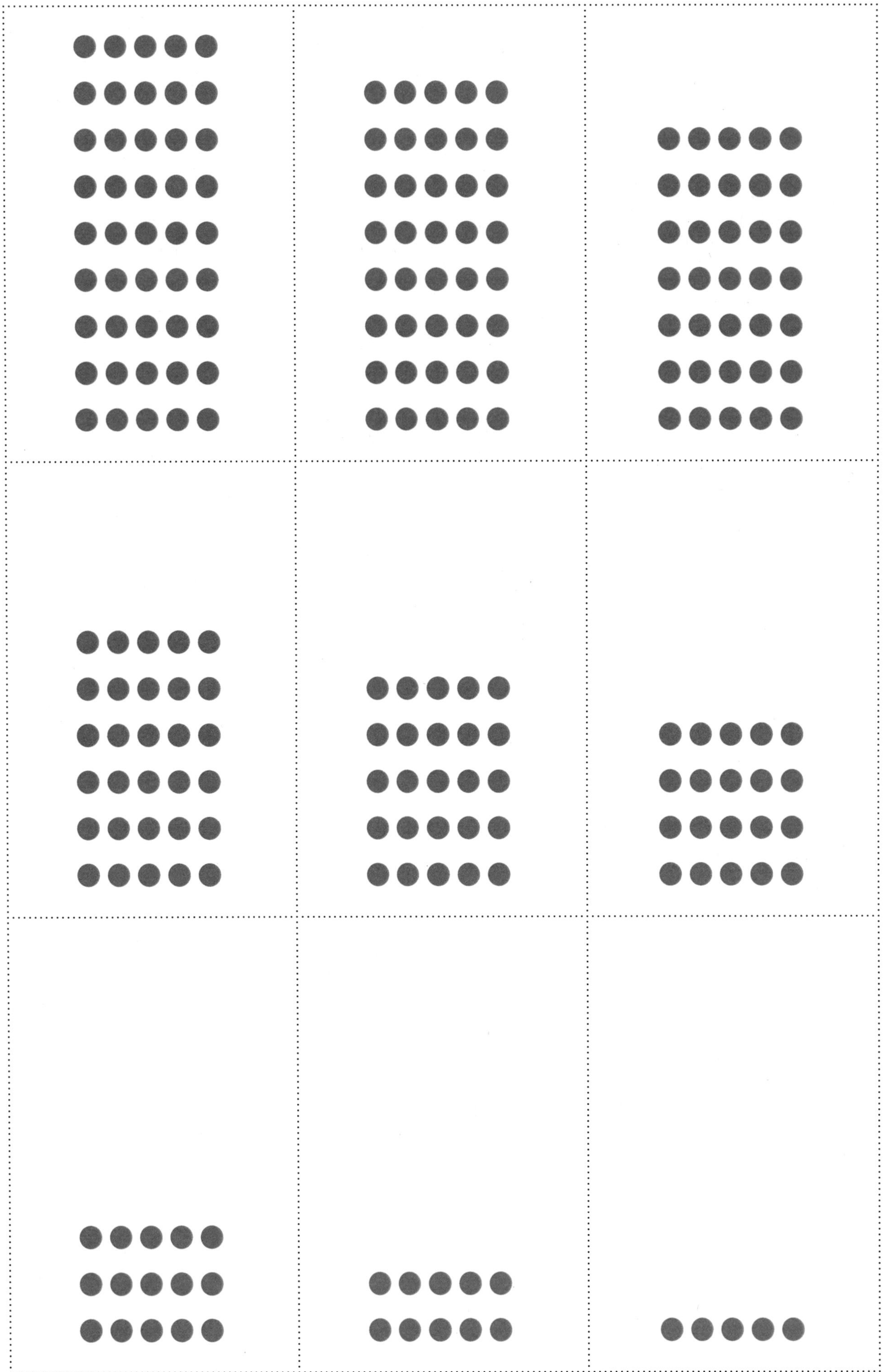

팔 곱하기 일

8 × 1

8

397

팔 곱하기 이

8 × 2

8 8

398

팔 곱하기 삼

8 × 3

8 8 8

399

팔 곱하기 사

8 × 4

8 8 8 8

400

팔 곱하기 오

8 × 5

8 8 8 8 8

401

팔 곱하기 육

8 × 6

8 8 8 8 8 8

402

팔 곱하기 칠

8 × 7

8 8 8 8 8 8 8

403

팔 곱하기 팔

8 × 8

8 8 8 8 8 8 8 8

404

팔 곱하기 구

8 × 9

8 8 8 8 8 8 8 8 8

405

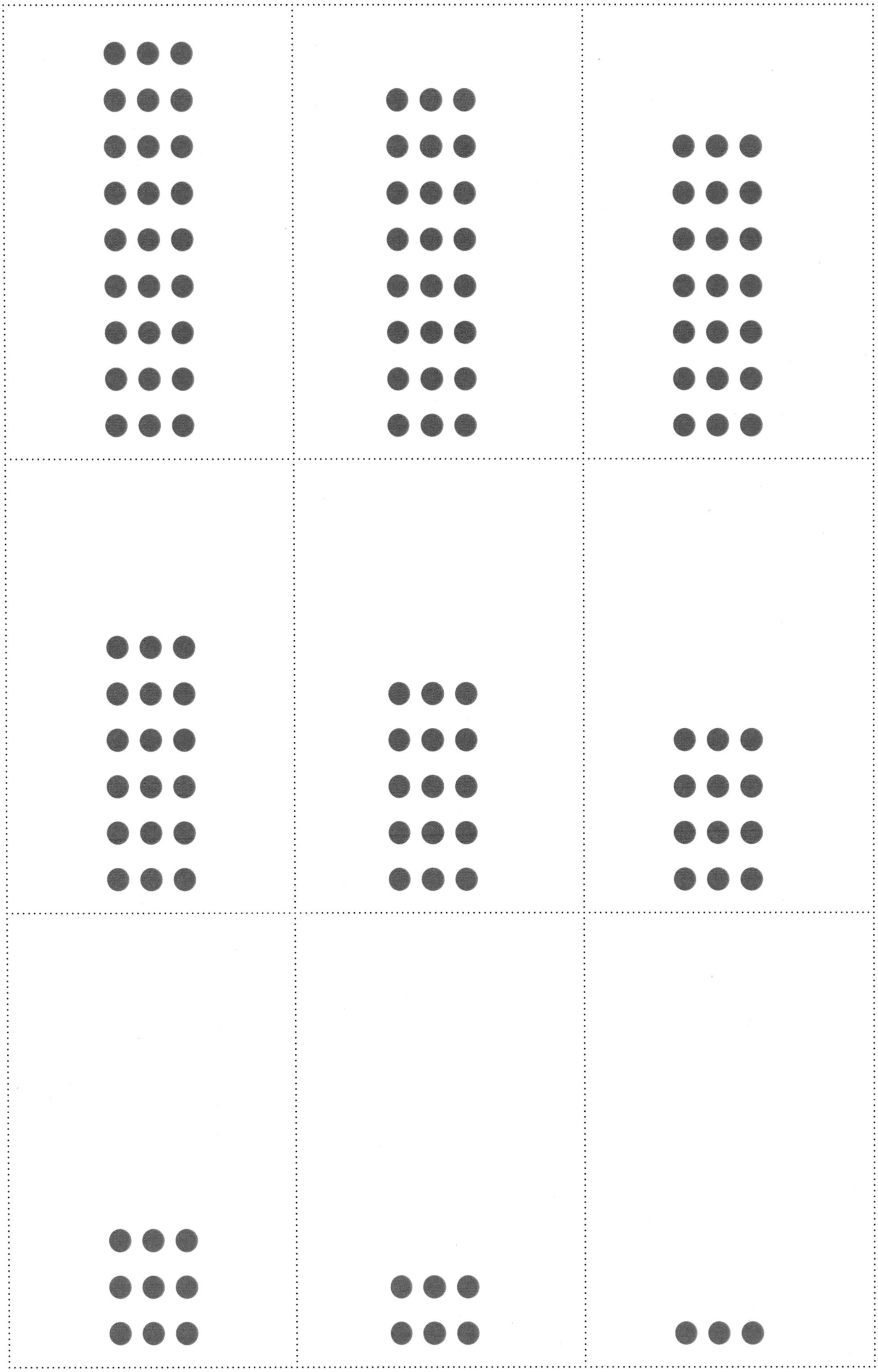

구 곱하기 일

9×1

406

구 곱하기 이

9×2

407

구 곱하기 삼

9×3

408

구 곱하기 사

9×4

409

구 곱하기 오

9×5

410

구 곱하기 육

9×6

411

구 곱하기 칠

9×7

412

구 곱하기 팔

9×8

413

구 곱하기 구

9×9

414

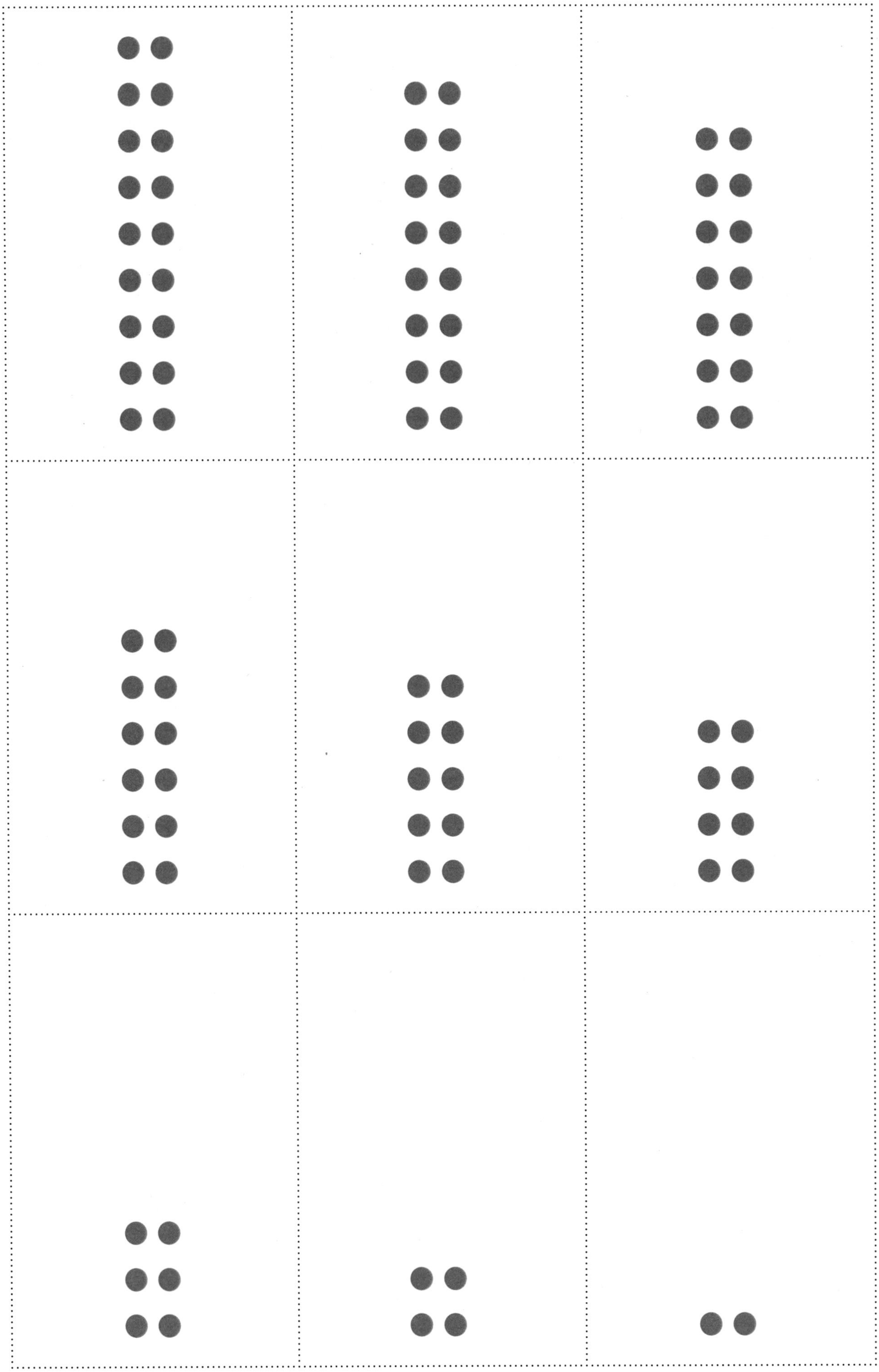

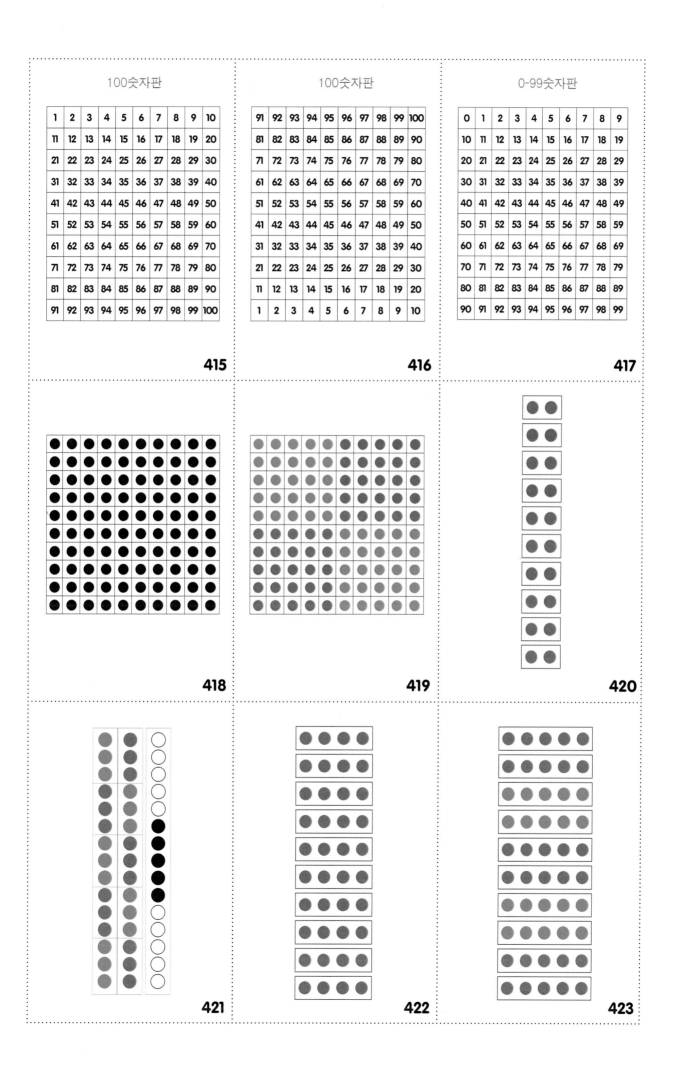

100숫자판

1	2	3	4	5	6	7	8	9	10
11	12	13	14	15	16	17	18	19	20
21	22	23	24	25	26	27	28	29	30
31	32	33	34	35	36	37	38	39	40
41	42	43	44	45	46	47	48	49	50
51	52	53	54	55	56	57	58	59	60
61	62	63	64	65	66	67	68	69	70
71	72	73	74	75	76	77	78	79	80
81	82	83	84	85	86	87	88	89	90
91	92	93	94	95	96	97	98	99	100

415

100숫자판

91	92	93	94	95	96	97	98	99	100
81	82	83	84	85	86	87	88	89	90
71	72	73	74	75	76	77	78	79	80
61	62	63	64	65	66	67	68	69	70
51	52	53	54	55	56	57	58	59	60
41	42	43	44	45	46	47	48	49	50
31	32	33	34	35	36	37	38	39	40
21	22	23	24	25	26	27	28	29	30
11	12	13	14	15	16	17	18	19	20
1	2	3	4	5	6	7	8	9	10

416

0-99숫자판

0	1	2	3	4	5	6	7	8	9
10	11	12	13	14	15	16	17	18	19
20	21	22	23	24	25	26	27	28	29
30	31	32	33	34	35	36	37	38	39
40	41	42	43	44	45	46	47	48	49
50	51	52	53	54	55	56	57	58	59
60	61	62	63	64	65	66	67	68	69
70	71	72	73	74	75	76	77	78	79
80	81	82	83	84	85	86	87	88	89
90	91	92	93	94	95	96	97	98	99

417

418

419

420

421

422

423

계산 자신감
Numeracy for All

417

계산 자신감
Numeracy for All

416

계산 자신감
Numeracy for All

415

계산 자신감
Numeracy for All

420

계산 자신감
Numeracy for All

419

계산 자신감
Numeracy for All

418

계산 자신감
Numeracy for All

423

계산 자신감
Numeracy for All

422

계산 자신감
Numeracy for All

421

~와(과) 같습니다.	~와(과) 같습니다.	더하기
=	**=**	**+**
424	425	426
더하기	곱하기	곱하기
+	**×**	**×**
427	428	429
빼기	빼기	나누기
—	**—**	**÷**
430	431	432

계산 자신감
Numeracy for All

426

계산 자신감
Numeracy for All

425

계산 자신감
Numeracy for All

424

계산 자신감
Numeracy for All

429

계산 자신감
Numeracy for All

428

계산 자신감
Numeracy for All

427

계산 자신감
Numeracy for All

432

계산 자신감
Numeracy for All

431

계산 자신감
Numeracy for All

430

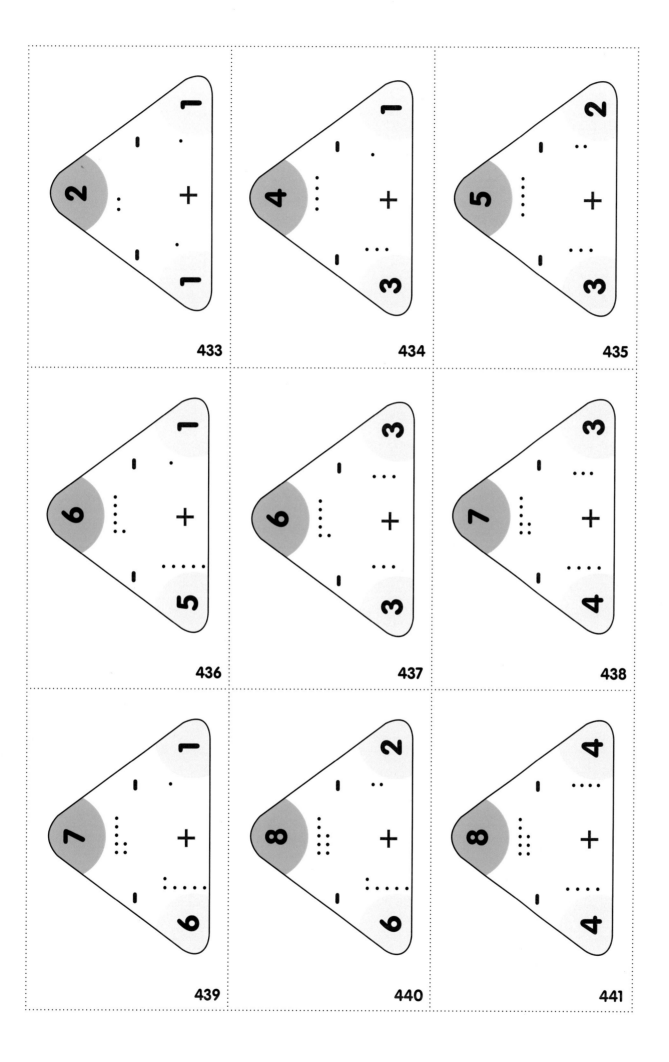

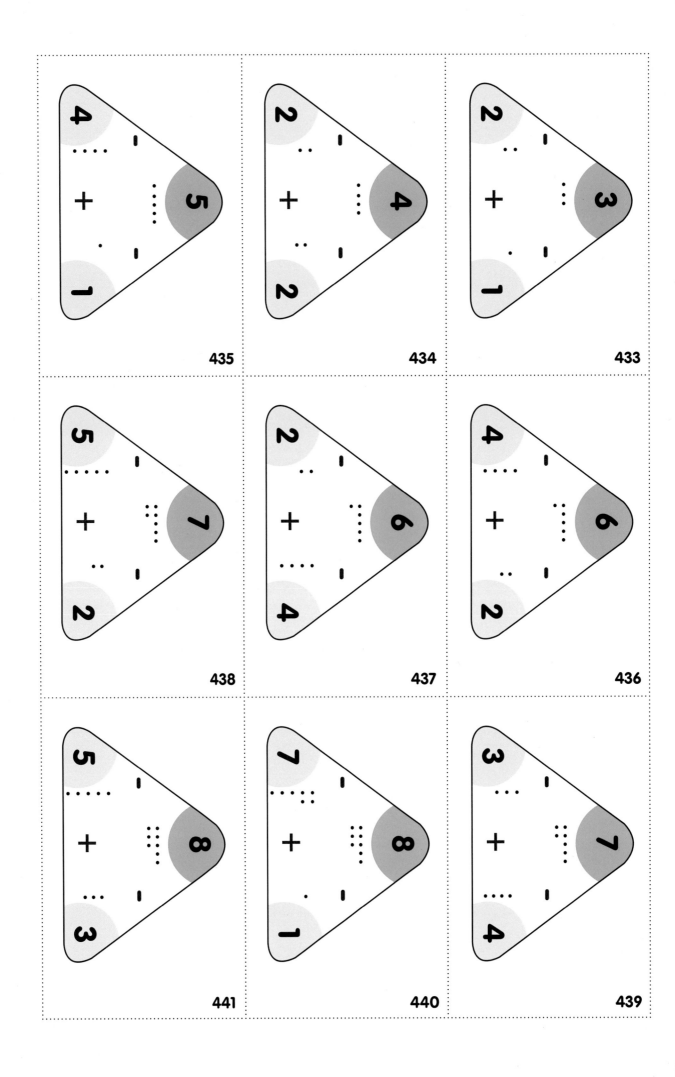

435

434

433

438

437

436

441

440

439

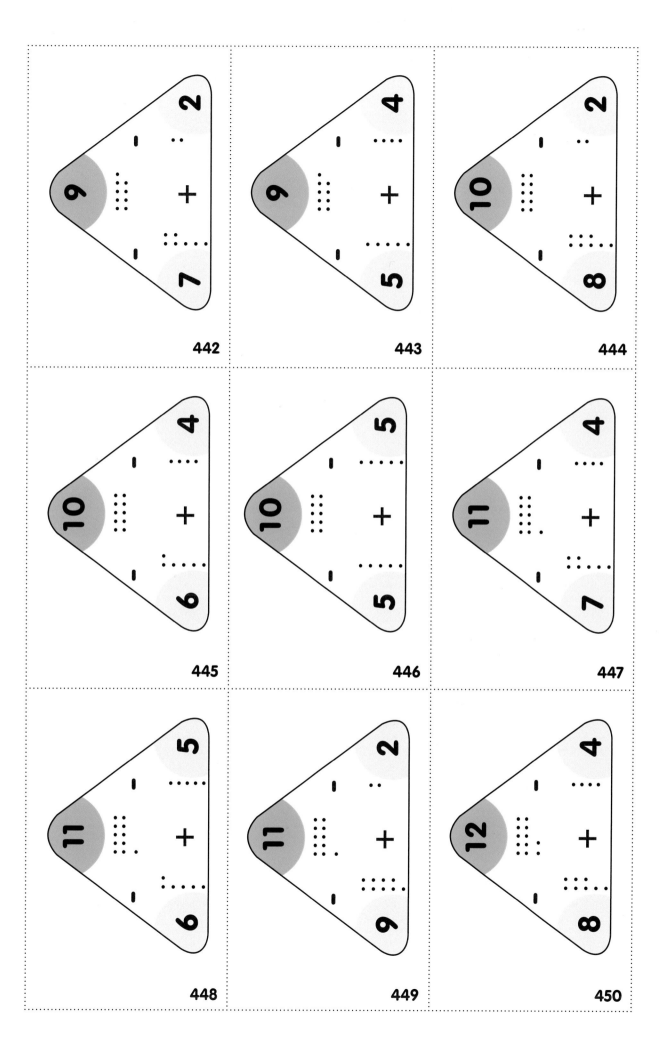

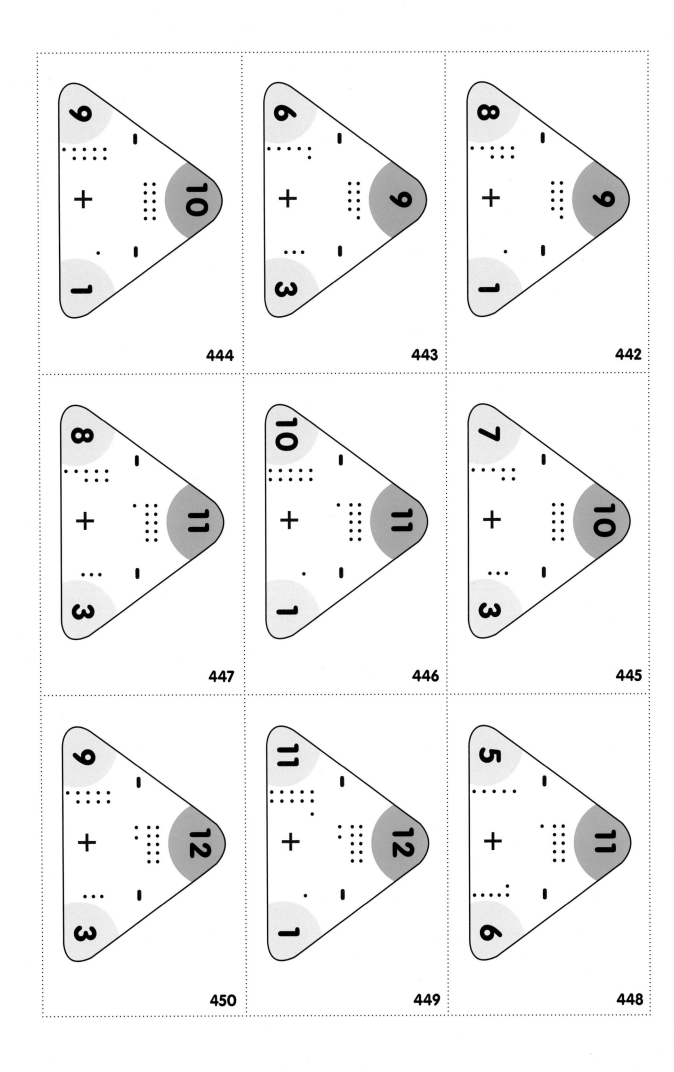

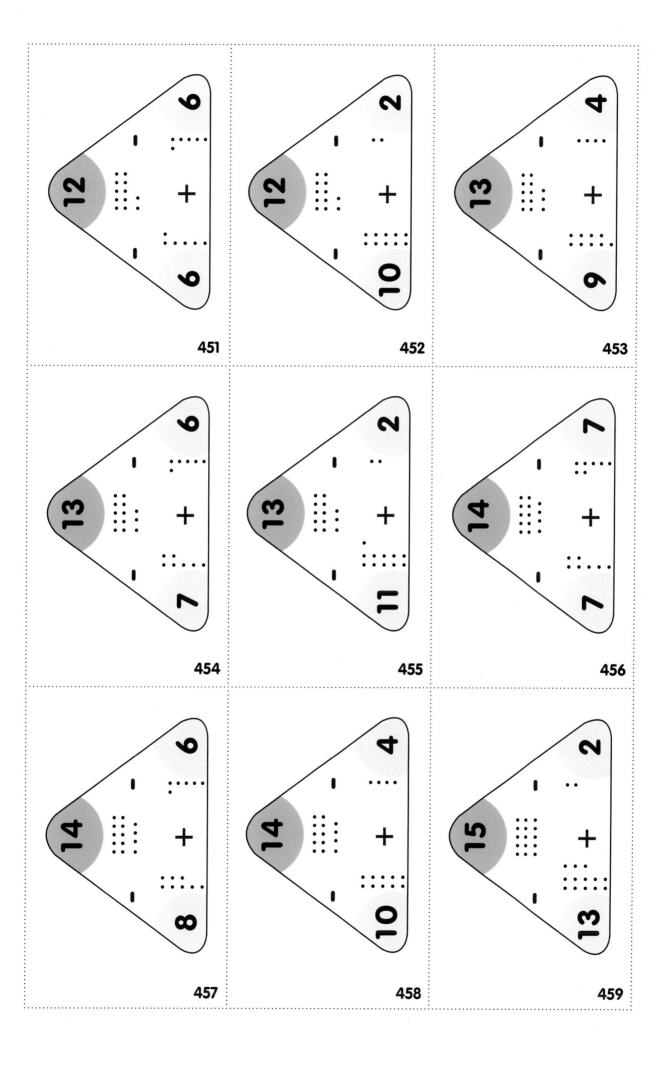

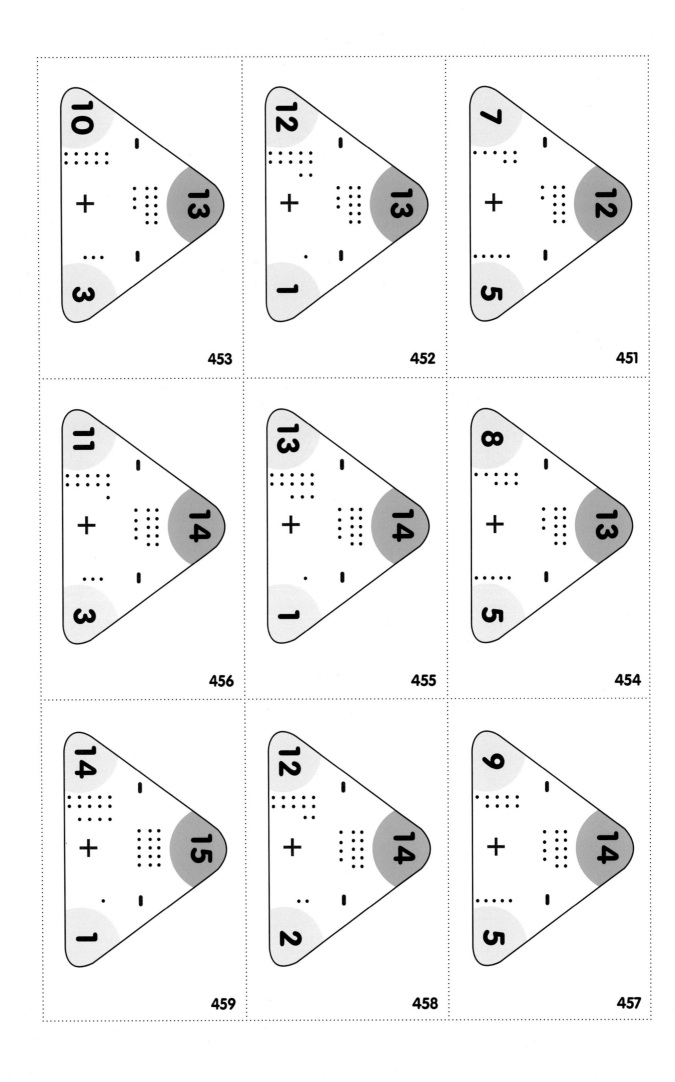

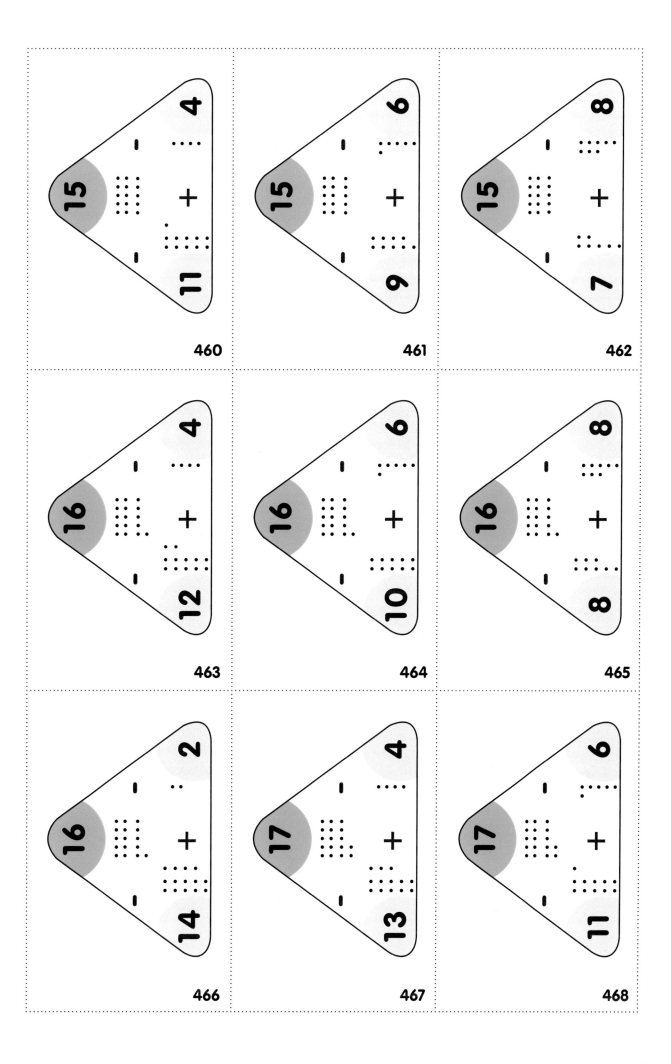

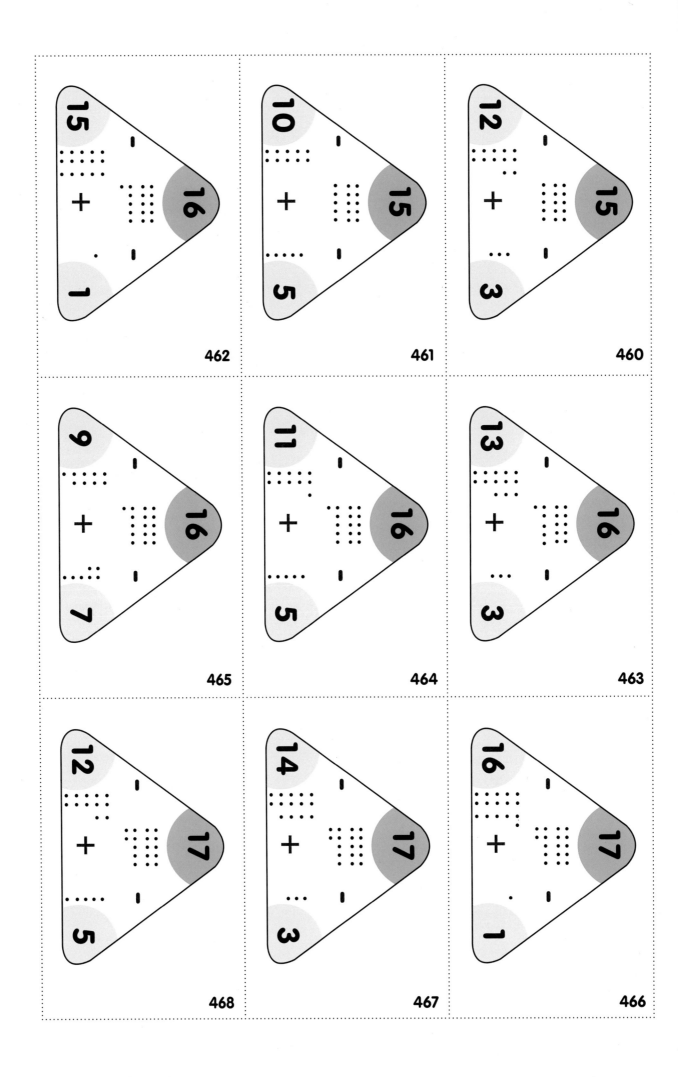

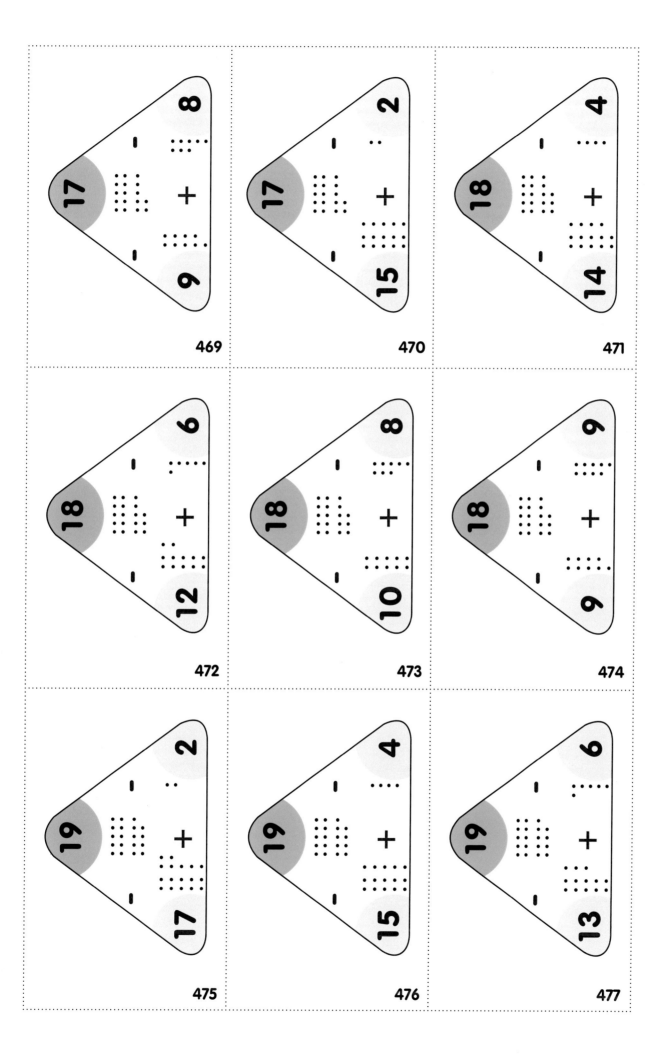

469

470

471

472

473

474

475

476

477

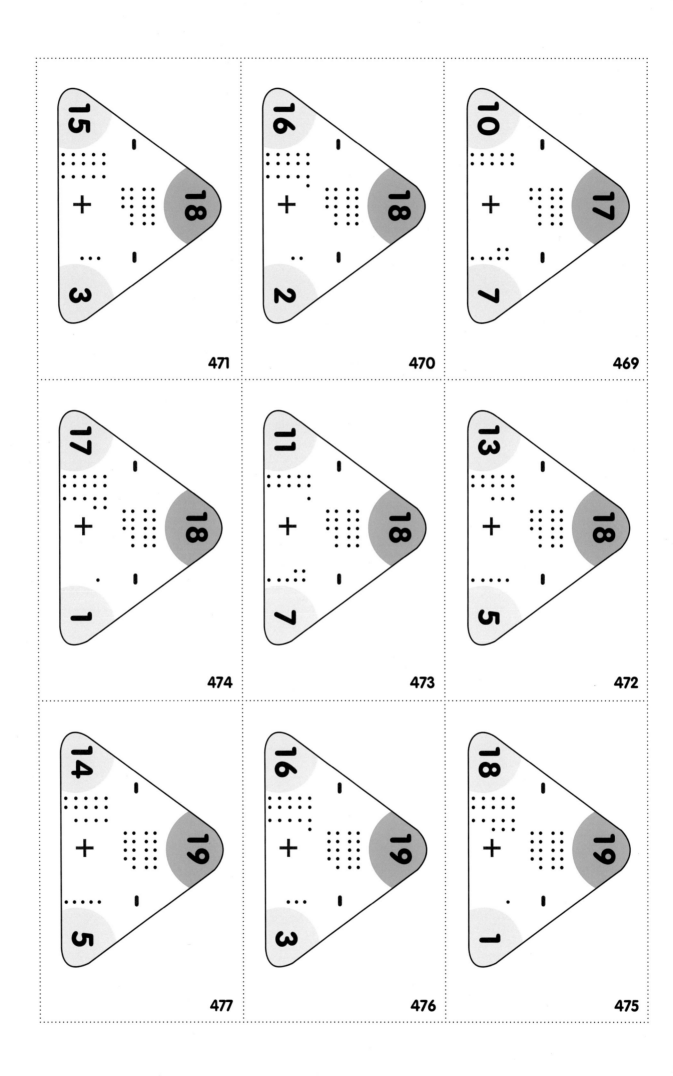

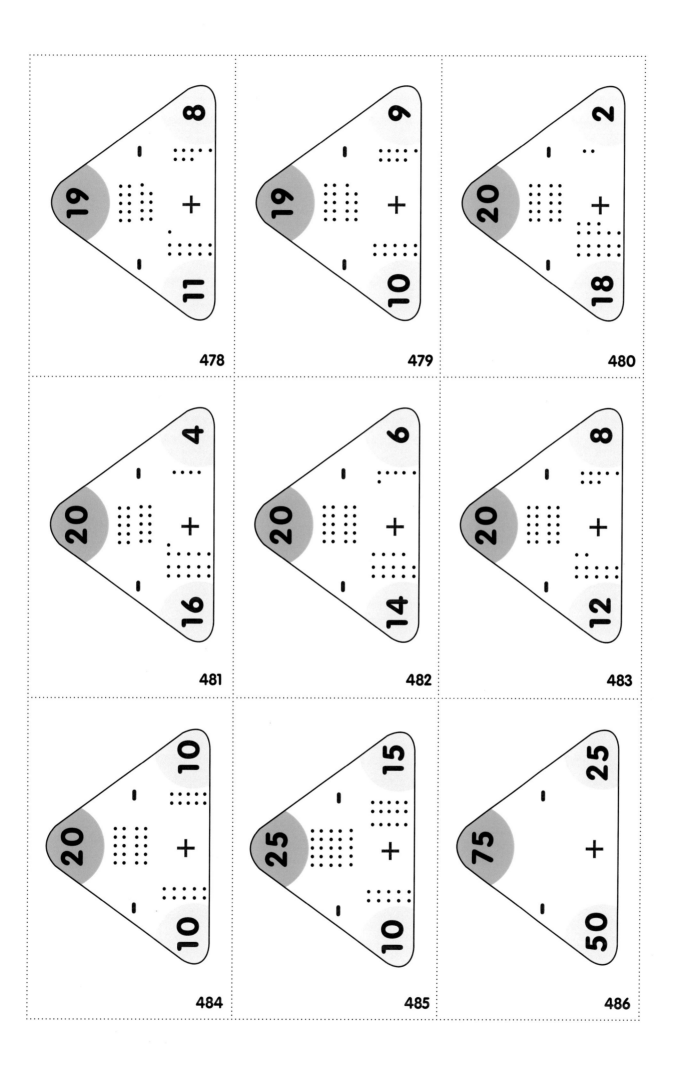

478

479

480

481

482

483

484

485

486

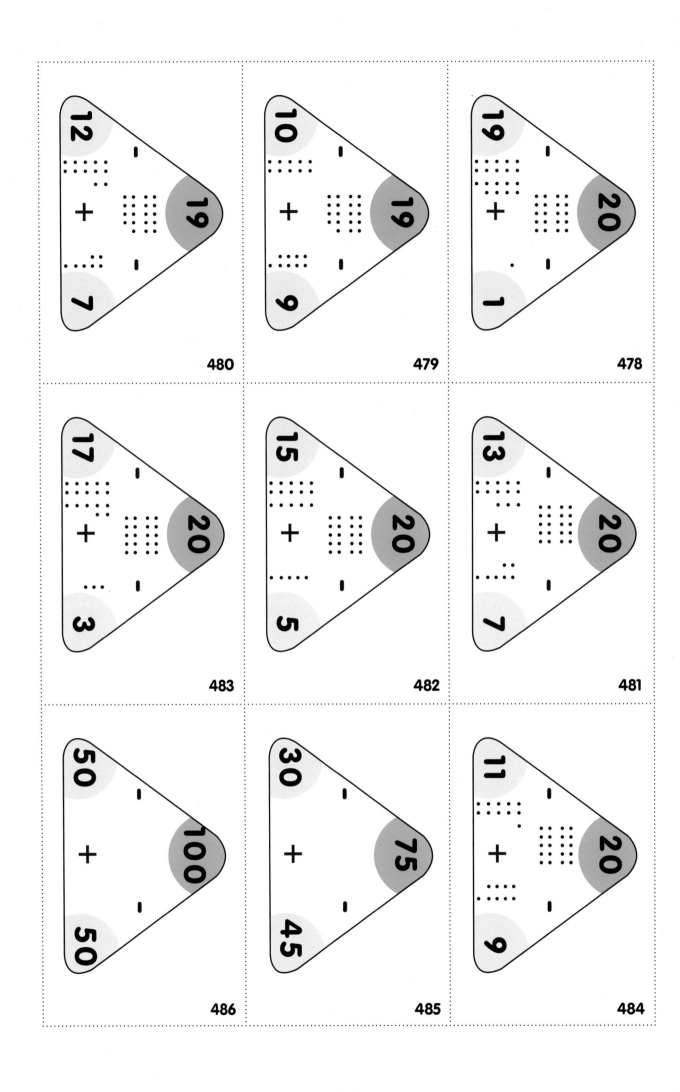

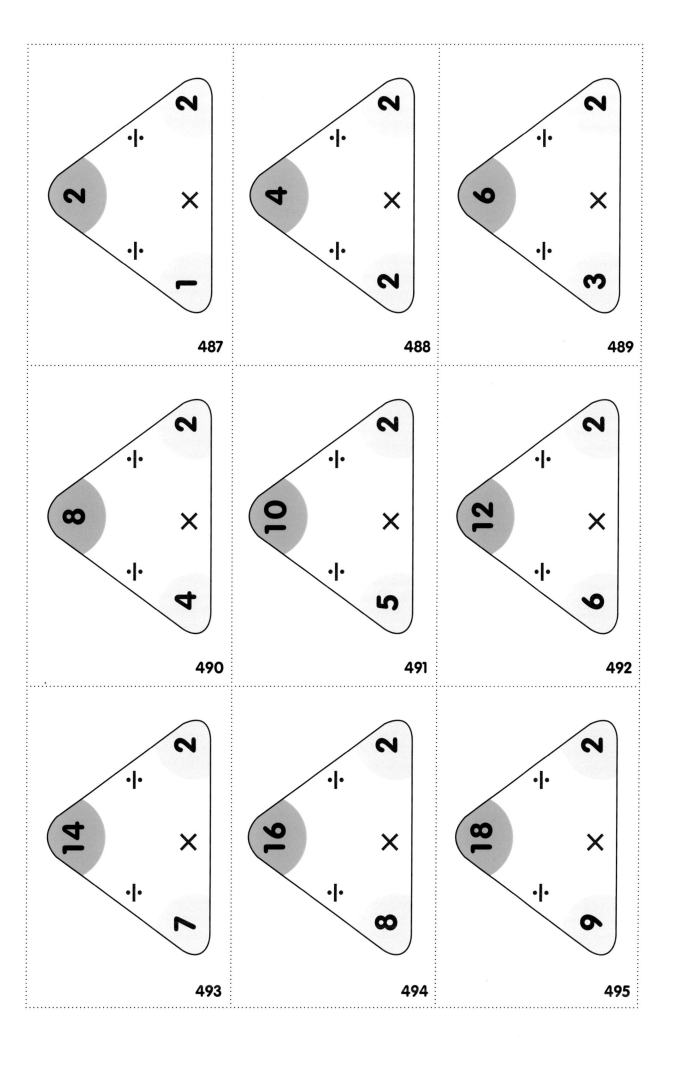

487

488

489

490

491

492

493

494

495

계산 자신감
Numeracy for All
489

계산 자신감
Numeracy for All
488

계산 자신감
Numeracy for All
487

계산 자신감
Numeracy for All
492

계산 자신감
Numeracy for All
491

계산 자신감
Numeracy for All
490

계산 자신감
Numeracy for All
495

계산 자신감
Numeracy for All
494

계산 자신감
Numeracy for All
493

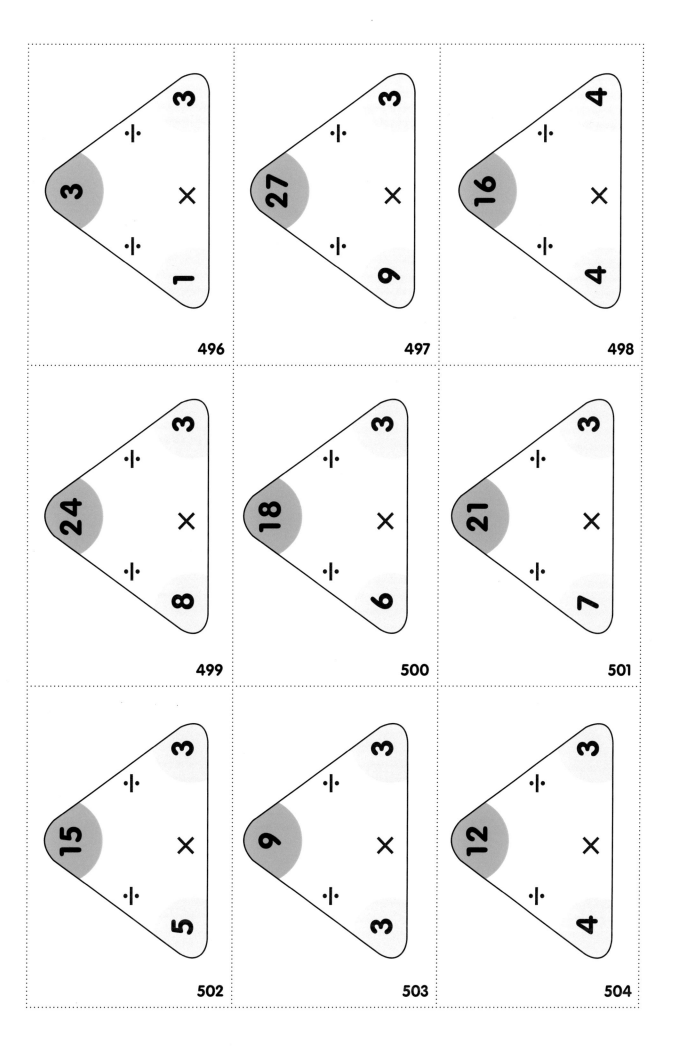

496

497

498

499

500

501

502

503

504

계산 자신감
Numeracy for All

496

계산 자신감
Numeracy for All

497

계산 자신감
Numeracy for All

498

계산 자신감
Numeracy for All

499

계산 자신감
Numeracy for All

500

계산 자신감
Numeracy for All

501

계산 자신감
Numeracy for All

502

계산 자신감
Numeracy for All

503

계산 자신감
Numeracy for All

504

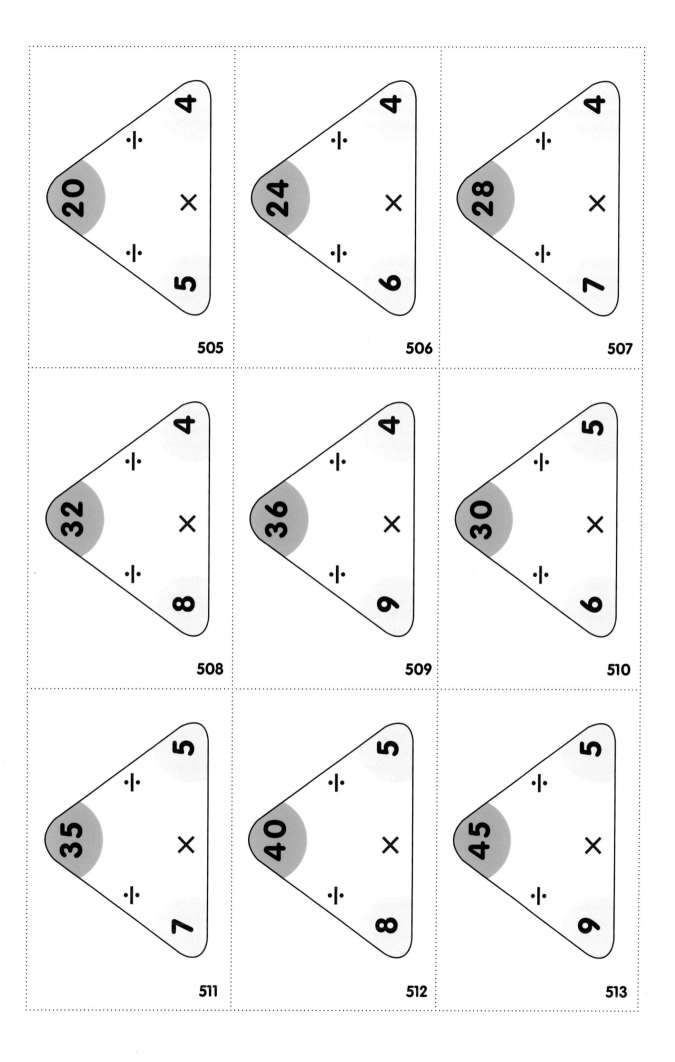

505

506

507

508

509

510

511

512

513

계산 자신감
Numeracy for All

507

계산 자신감
Numeracy for All

506

계산 자신감
Numeracy for All

505

계산 자신감
Numeracy for All

510

계산 자신감
Numeracy for All

509

계산 자신감
Numeracy for All

508

계산 자신감
Numeracy for All

513

계산 자신감
Numeracy for All

512

계산 자신감
Numeracy for All

511

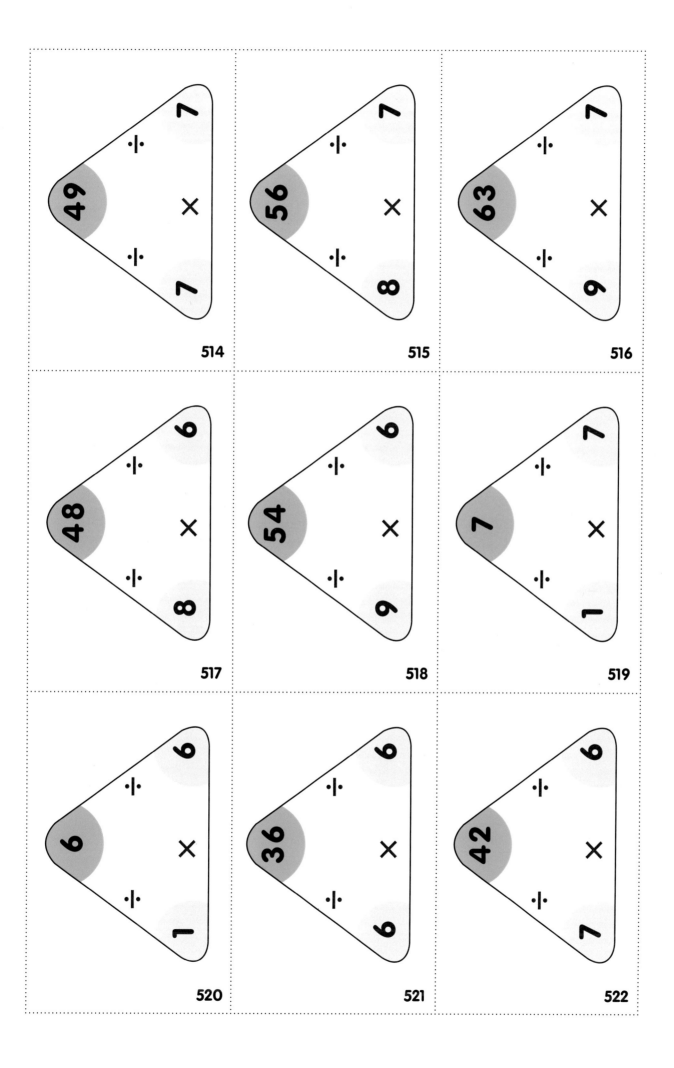

계산 자신감
Numeracy for All

516

계산 자신감
Numeracy for All

515

계산 자신감
Numeracy for All

514

계산 자신감
Numeracy for All

519

계산 자신감
Numeracy for All

518

계산 자신감
Numeracy for All

517

계산 자신감
Numeracy for All

522

계산 자신감
Numeracy for All

521

계산 자신감
Numeracy for All

520

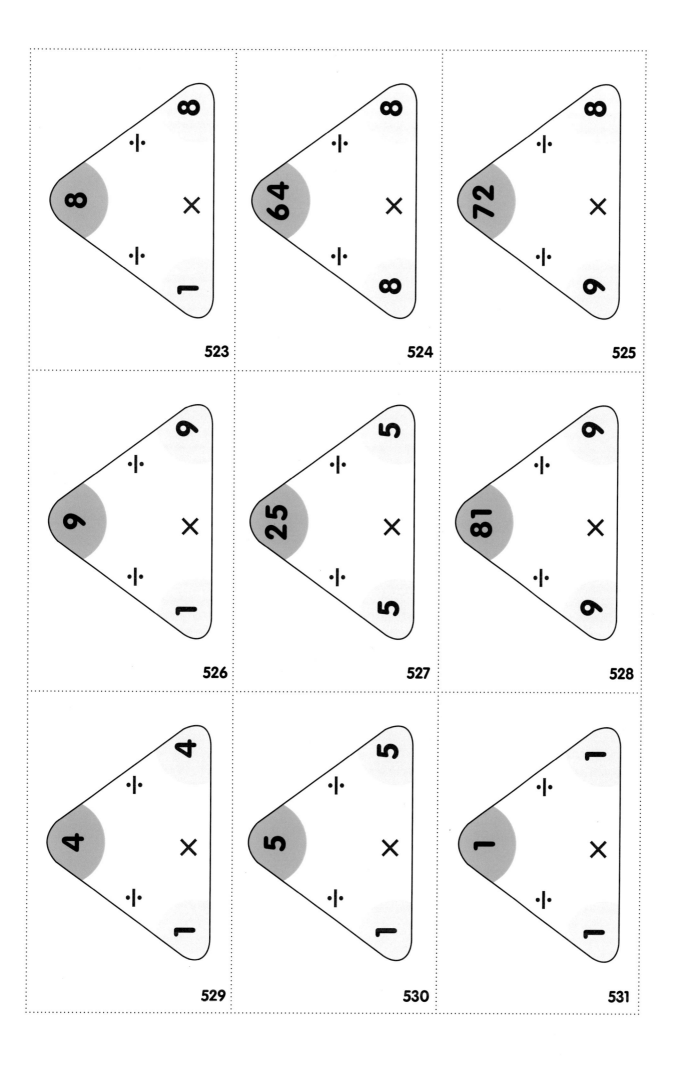

523

524

525

526

527

528

529

530

531

계산 자신감
Numeracy for All

525

계산 자신감
Numeracy for All

524

계산 자신감
Numeracy for All

523

계산 자신감
Numeracy for All

528

계산 자신감
Numeracy for All

527

계산 자신감
Numeracy for All

526

계산 자신감
Numeracy for All

531

계산 자신감
Numeracy for All

530

계산 자신감
Numeracy for All

529

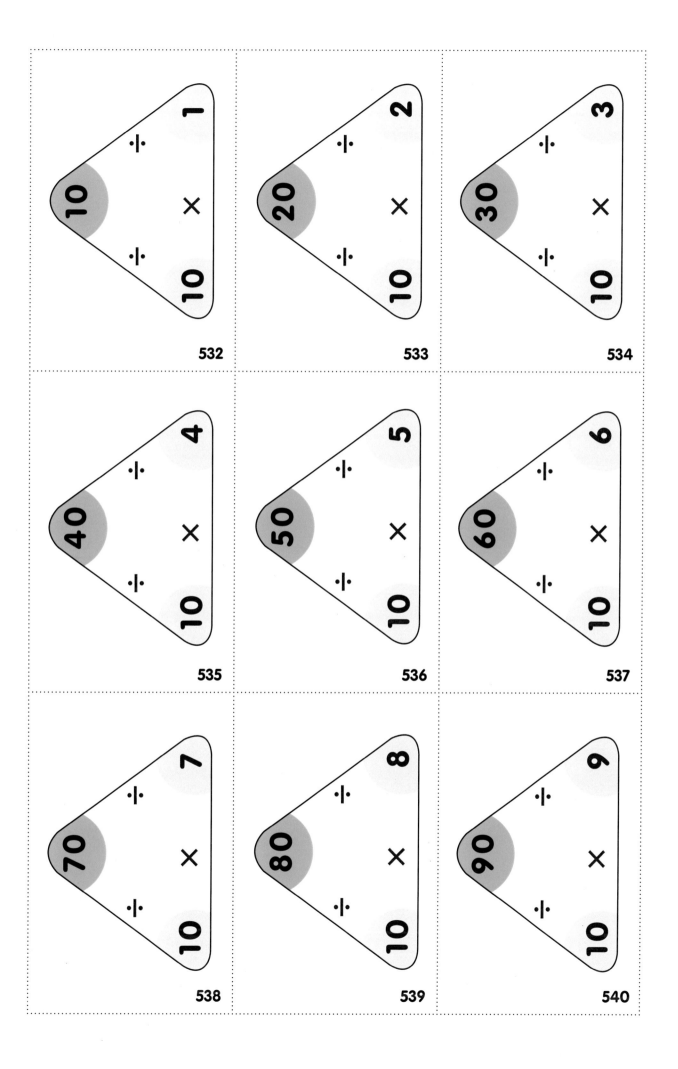

계산 자신감
Numeracy for All

534

계산 자신감
Numeracy for All

533

계산 자신감
Numeracy for All

532

계산 자신감
Numeracy for All

537

계산 자신감
Numeracy for All

536

계산 자신감
Numeracy for All

535

계산 자신감
Numeracy for All

540

계산 자신감
Numeracy for All

539

계산 자신감
Numeracy for All

538